JN304084

# ペット ホリスティック・ケア

Pet Holistic Care

高橋美知代　福島美紀　寺井理恵／著

ペットライフ社

# はじめに

　日頃、私たちは健康であることが何よりもかけがえのないものと、多々感じているのではないでしょうか。病気を患っていれば気分が塞ぎます。けがをしていればうっとうしくもなります。仲間が何人か集まれば必ずといっていいほど、美容や健康、ダイエットの話になることを、皆さんも経験したことがあるのではないでしょうか。

　未病・予病といわれるようになって久しくなりますが、ますます健康への関心は高まり、このブームもさらにつづくことと思われます。

　その反面、生活の周辺では新種のウイルスやダイオキシン、食べ物では添加物や化学合成品、病気の面では化学薬品や副作用と、さまざまな問題に直面しています。さらには肥満やメタボリック症候群など、健康に対する問題は山積みにされています。

　そして、このようなことは人間のみならず、実はペットの世界でも進行しています。

　人といっしょに生活をして、人間同様に扱われているペットは、私たちが思っている以上にストレスにさらされています。また寿命が長くなったことで、今までには考えられなかった病気を発症しています。このように、ペットも家族と同じように健康を保ち、癒されることが必要な時代になっているのです。

　しかし、現代のこのような問題を解決するには対症療法（アロパシー）である化学療法に行き詰まり感がみられることも否めません。そこで、何千年も前から行われていた自然療法が見直され、また求められるようになってきました。

　このような現状を見つめ、自然治癒力を高めるホリスティック療法をペットにも取り入れようとするのが本書の目的です。なかでも人とペットに特につながりがあり、互いに相乗効果をもたらす、以下の３つの方法をご紹介することにします。

　ホリスティック療法のなかでも唯一香りを使用する療法で、嗅覚を通して心身ともに働きかける「ペットのアロマテラピー」。人とペットがコミュニケーションをとりながら筋肉に働きかける「ホリスティックマッサージ」。そして、保存剤や化学合成品を使用することなく、ペットが安心して食べることのできる「手作りごはん」です。

　ペットも飼い主さんもアロマとマッサージで、ともに心身を癒しながらコミュニケーションをとることができ、安全かつバランスのとれた食事によってさらに健康を保ち、より相乗効果がもたらされるホリスティック療法を取り入れていただければ幸いです。

　私たちはペットと飼い主さんがともに癒され、ともに健康であることを願ってやみません。

2008年７月
高橋美知代

# CONTENTS

はじめに ・・・・・・・・・・・・・・・・・・・・・・ 3

## 第1章 ホリスティック総論 ・・・・・・・・ 7
### 1-1 ホリスティック・ケア ・・・・・・・・・・・・・ 8
さまざまなホリスティック療法 ・・・・・・・・ 10

## 第2章 ペットのアロマテラピー ・・・・ 13
### 2-1 アロマテラピー ・・・・・・・・・・・・・・・・・ 14
### 2-2 精油について ・・・・・・・・・・・・・・・・・・ 16
精油とは何なのか ・・・・・・・・・・・・・・・・・ 16
精油の特性 ・・・・・・・・・・・・・・・・・・・・・・ 16
精油の希釈濃度 ・・・・・・・・・・・・・・・・・・ 17
植物が精油を含有するようになった理由 ・・・ 17
精油の抽出方法 ・・・・・・・・・・・・・・・・・・ 18
### 2-3 においと嗅覚 ・・・・・・・・・・・・・・・・・・ 20
におい ・・・・・・・・・・・・・・・・・・・・・・・・・・ 20
嗅覚 ・・・・・・・・・・・・・・・・・・・・・・・・・・・・ 20
嗅覚のメカニズム ・・・・・・・・・・・・・・・・・ 21
### 2-4 アロマテラピーのメカニズム ・・・・・・ 22
精油の作用機序 ・・・・・・・・・・・・・・・・・・ 24
### 2-5 ペットのストレスとアロマテラピー ・・・ 26
ペットにアロマテラピーなの？ ・・・・・・・ 26
ストレスとストレッサー ・・・・・・・・・・・・・ 28
ペットのストレス ・・・・・・・・・・・・・・・・・・ 28
ストレスによるペットの反応 ・・・・・・・・・ 29
ストレスのメカニズム ・・・・・・・・・・・・・・ 30
ストレスのマネージメント ・・・・・・・・・・・ 31
### 2-6 ペット・アロマテラピーの取り入れ方 ・・・ 32
犬のアロマテラピー ・・・・・・・・・・・・・・・ 32
猫のアロマテラピー ・・・・・・・・・・・・・・・ 33
馬のアロマテラピー ・・・・・・・・・・・・・・・ 33
鳥のアロマテラピー ・・・・・・・・・・・・・・・ 34
ウサギ、ハムスター、フェレット、ラット、モルモットなど ・・・・・・・・・・・・・・・・・・・・ 34
芳香浴法 ・・・・・・・・・・・・・・・・・・・・・・・・ 35
アロママッサージ ・・・・・・・・・・・・・・・・・ 36
足浴法 ・・・・・・・・・・・・・・・・・・・・・・・・・・ 37
温湿布法 ・・・・・・・・・・・・・・・・・・・・・・・・ 37
### 2-7 アロマテラピーのさまざまな利用法 ・・・ 38
スプレーの作り方 ・・・・・・・・・・・・・・・・・ 38
肉球クリームの作り方 ・・・・・・・・・・・・・ 39
マッサージオイルの作り方 ・・・・・・・・・・ 39
ペットのための精油の選び方 ・・・・・・・・ 40
### 2-8 精油のプロフィール ・・・・・・・・・・・・・ 42
オレンジ・スイート ・・・・・・・・・・・・・・・・ 42
イランイラン ・・・・・・・・・・・・・・・・・・・・・ 42
クラリセージ ・・・・・・・・・・・・・・・・・・・・・ 42
カモミール・ローマン ・・・・・・・・・・・・・・ 43
サンダルウッド ・・・・・・・・・・・・・・・・・・・ 43
ジュニパー ・・・・・・・・・・・・・・・・・・・・・・ 43
グレープフルーツ ・・・・・・・・・・・・・・・・・ 43
ゼラニウム ・・・・・・・・・・・・・・・・・・・・・・ 44
ティートリー ・・・・・・・・・・・・・・・・・・・・・ 44
ペパーミント ・・・・・・・・・・・・・・・・・・・・・ 44
ユーカリ ・・・・・・・・・・・・・・・・・・・・・・・・ 44
ラベンダー ・・・・・・・・・・・・・・・・・・・・・・ 45
レモン ・・・・・・・・・・・・・・・・・・・・・・・・・・ 45
レモングラス ・・・・・・・・・・・・・・・・・・・・・ 45
ローズマリー ・・・・・・・・・・・・・・・・・・・・・ 45
基材について ・・・・・・・・・・・・・・・・・・・・ 46
グレープシードオイル ・・・・・・・・・・・・・・ 47
スイートアーモンドオイル ・・・・・・・・・・・ 47
ホホバ油 ・・・・・・・・・・・・・・・・・・・・・・・・ 47
### 2-9 アロマテラピーの禁忌事項 ・・・・・・・・ 48
精油の取り入れ方の注意点 ・・・・・・・・・ 48

## 第3章 ペットのホリスティックマッサージ …… 51

- 3-1 ホリスティックマッサージ …… 52
  - マッサージのメリットと効果 …… 52
  - 動物の体を知りましょう …… 53
- 3-2 マッサージテクニック …… 54
  - もむ、引っぱる、押す・押し回す …… 54
  - 撫でる、ふるわす・ゆらす …… 55
  - たたく、手をあてる …… 55
- 3-3 各部位のマッサージ …… 56
  - 頭部 …… 56
  - 耳 …… 58
  - 目の周り …… 60
  - 鼻の周り …… 61
  - 口の周り …… 62
  - 首の周り …… 63
  - 肩 …… 64
  - 肋骨 …… 65
  - 前肢 …… 66
  - 胸 …… 67
  - 背中 …… 68
  - 腰 …… 69
  - 大腿部 …… 70
  - 後肢から足先まで …… 71
  - 臀部 …… 72
  - 尾 …… 73
- 3-4 お腹をこわしたときのマッサージ …… 74
- 3-5 "怖い"と感じたときのマッサージ …… 76
- 3-6 猫のマッサージ …… 78

## 第4章 手作りごはん …… 79

- 4-1 手作りごはんについて …… 80
- 4-2 市販フードと手作りごはん …… 82
- 4-3 手作りごはんの注意点 …… 84
  - 与えてはいけないもの …… 86
  - 注意するもの …… 87
- 4-4 手作りごはんの種類 …… 88
- 4-5 栄養について …… 89
  - 五大栄養素 …… 90
- 4-6 手作りごはんレシピ …… 92
  - 鶏肉ごはん …… 92
  - 牛肉たっぷりごはん …… 94
  - お魚ごはん …… 96
  - 特別な日に…ハンバーグ …… 98
  - ササミジャーキー …… 100
  - キャロット クッキー …… 102
- 4-7 食材選びのポイント …… 104
- 4-8 食事のポイントと保存 …… 106
- 4-9 犬種による食材選びのポイント …… 107

索　引 …… 110
あとがき・参考文献 …… 111

# 第1章
## ホリスティック総論

高橋美知代

# 1-1 ホリスティック・ケア

　一般的に人間や動物は、体調を崩したり病気を発症すると、解熱剤や痛み止め、抗生物質などを使用し、症状を抑えるための何らかの科学療法を施します。病気を治療するということは、その症状を抑えるということです。

　はたして症状を抑えることが本当の解決になるのでしょうか？　実際には抗生物質・ステロイド・ワクチン等の科学療法のおかげで生命は救われてきているのですから、決して否定することではありません。

　一方、ホリスティック・ケアの考え方では、病気が発生したときに症状を抑えて対処する科学療法とは異なり、症状の根本的な原因を探すことを大切にしています。

　それでは、ホリスティック・ケアとは何なのでしょうか？

　ホリスティック・「holistic」はギリシャ語の「holos」を語源とし、「全体や全体的」を意味します。health／健康、hospice／ホスピス、hospital／病院、host／ホスト、hostess／ホステスなどは語源が同じになります。

ホリスティックでは身体をひとつの全体として捉え、身体のすべての機能はつながりをもち、健康とは心・身体・環境・生まれもった素質のすべてがバランスよく整っている状態であると考えます。逆に不健康・「disease」とは、くつろげていない状態であり、全体のバランスが保てなくなった状態をいいます。

　ホリスティック療法は心身一体、心と身体のバランスを保つことを大切にし、身体全体を健康にします。その目的は、本来もっている自己免疫力を高め、病気そのものを治すのではなく、治す力をもつこと、そして恒常性（ホメオスターシス）を保つことです。

　科学療法と自然療法はそれぞれ長所と短所を持ち合わせています。

　ホリスティック療法は自然療法であり、あくまでも現代療法を補う「補完・代替療法」であるといえます。現代医学の治療と併用して現代療法が不得意とする心の問題部分を補ったり、病気を発症する前の予防や生活の質（QOL・quality of life）を考えたりするのです。

　ホリスティックとは総称であって、自然治癒力を高める方法はさまざまな分野において利用されています。本書では代表的なものをご紹介しますが、ここで取り上げたホリスティック療法はごく一部にすぎません。各国には独特の伝承医学療法があり、中国の漢方薬、インドのアーユルヴェーダなどはその一例です。

　理学療法では、カイロプラクティック、リハビリテーション、スイミング療法、温泉療法や直接体内に取り入れる栄養補助食品（サプリメント）、ローフード（生食）などもすべて自然療法になります。

　科学療法に頼ることなく、自然を取り入れた心と身体のケアは動物本来の生き方であり、自然療法であるホリスティック・ケアの考えでもあるのです。

# さまざまなホリスティック療法

● マッサージ

　筋肉に働きかけ、末梢神経の隅々まで血行を促進して、身体の歪みを整えます。
　＊詳しくは第3章に掲載されています。

● 鍼・指圧

　古代中国よりつづく伝統医学では、「気」は生命の源であり、体内の生命エネルギーと考えます。気の流れが乱れると、心身のバランスが崩れて病気の原因になります。

　鍼はツボ（経穴）に鍼を打ちます。指圧はツボ（経穴）に指で圧力をかけて刺激を与えます。刺激を与えることにより、エネルギーである「気」を体内にめぐらせることができます。

　最初中国では、人間と家畜への治療を目的としてこの療法を用いたのです。後にヨーロッパやアメリカでは、ペットのためにこの療法を発展させました。現在、鍼治療を取り入れる獣医師は数多く、また増えつつあります。

● Tタッチ（テリントンタッチ）

　1970年代、アメリカのリンダ・テリントン・ジョーンズが人間のボディーワークを馬に応用したことから始まった方法です。馬の皮膚に円を描く強さ、大きさ、速さを研究開発したもので、皮膚を刺激することでリラックスしたり、身体能力が高まったりして、心身ともに効果が得られます。

　身体に非日常的なタッチを用いて皮下組織から脳へ知覚情報を伝達させるため、細胞組織の機能を活発化させて副交感神経に働きかけてリラックス感を与えることができます。

　基本的な技法は、手のひらの親指を支点とし、他の4本の指で軽くペットの皮膚をタッチします。軽く圧力をかけて時計の6時から始まり、1と1／4（8時か9時の箇所）の円を描いていきます。1つの円を描いたら次の位置に移動させます。手のひうの圧力は、そっと触れる程度から軽い圧力を感じる程度です。ペットが嫌がったり、不快な表情をしたら無理をしないでください。現在、動物園や獣医師によって幅広く実践されている方法です。

● ホメオパシー（類似療法）

　ドイツの医師、サミュエル・クリスチャン・ハーネマンにより、1800年代に開発された療法です。人間や動物の生まれもった本来の自然治癒力を利用する療法で、「類似療法」または「同種療法」ともいわれています。

　植物・動物・鉱物などの自然物質を多量に摂取すると害になる物質でも、同種の物質の基の存在がなくなる位まで希釈して飲用します。ホメオパシー療法の前後1時間は精油の使用を避けてください。

　同種の物質で自然治癒力を目覚めさせる「ホメオパシー」に対して、病状に対処することを目的とする現代医学の療法は「アロパシー」といいます。

● 手作りごはん

　本来の食生活を取り戻して、自然治癒力を高めてくれます。
　＊詳しくは第4章に掲載されています。

● フラワーレメディー

　1930年代、イギリスの細菌学者、エドワード・バッチ博士が38種類のフラワーエッセンスを用いて、人間を対象に研究開発したものをペットにも応用させた方法です。

　直接肉体に作用するのではなく、花を水に浸してエネルギーを転写させた聖水を飲用することで間接的に感情へ働きかけ、精神（心）のバランスを保つ自然療法です。

　花のエネルギー抽出方法は、ボール内の聖水に花を浮かべて数時間太陽に当てたサンメソッド法と、お湯で煮出したボイルメソッド法があります。

　レメディーと同量のブランデーやワインビネガーを混ぜ合わせることもします。副作用や常用性もなく、妊娠期間中でも安心して使用することができます。

　ペットへの与え方は、ペットの状態をよく観察し、その状態に適切なレメディーを選択してください。与えるときは、1日16滴を目安にし、2〜3回に分けるとよいでしょう。スポイトで直接口に含ませたり、食事や飲み水に垂らしてもよいでしょう。

　特に利用頻度の高いレスキューレメディーには、5種類のレメディーが組み合わされています。興奮や不安感から吠えたり、落ち着きがなく問題行動を取ったりしたとき、緊急時やパニック状態、ショック状態のときなど、ペットがストレスを感じたときに使用します。

　●レスキューレメディー：インパチェンス、クレマチス、スターオブベツヘレム、チェリープラム、ロッククローズの5種類

　＊ホリスティックマッサージにも併用しますので77ページを参照してください。

● メディカルハーブ

　ハーブとは、ラテン語の「herba」を語源とし、「薬草」や「香草」を意味します。芳香成分を含有し、心身への薬利効果の作用をもち、生活のなかで活用することができる香草植物のことをハーブといいます。古来より飲食・園芸・クラフト・美容・健康など、さまざまなことに利用されています。

　ハーブの歴史は古く、約5000年前の古代エジプト時代より利用されており、アロマテラピーの精油や現代医療の薬の起源となった香草が多く含まれます。

　ハーブの取り入れ方には、乾燥させた状態・生葉の状態・チンキ剤・オイル漬け・軟膏など、さまざまな方法があります。

　ハーブティーは、水溶性成分をそのまま飲用することができる方法です。ペットに与えるときは薄めて飲用させるか、食事に混ぜてあげるとよいでしょう。

　ハーブチンキは、お湯で煮出したハーブから抽出した水溶性成分にアルコールなどを加えたエキスです。消臭剤やボティーケアなどに利用できます。

● アロマテラピー

　精油を使用して心身に働きかける方法です。香り成分が嗅覚を通して大脳に伝わり、副交感神経を刺激して、リラックス感を得られます。香りを使用するのはアロマテラピーのみで、他の療法と併用し、より相乗効果を得ることができます。

　＊詳しくは第2章に掲載されています。

# 第 2 章
# ペットのアロマテラピー

高橋美知代

# 2-1 アロマテラピー

　地球が誕生して46億年になります。生命の素となる原始生命は35億年前に発生し、人類は16万5千年前に誕生しました。長い年月の間、人間は動物が特定の植物を食べたり、吐き出したりしているのを見て、『身体に良いものなのか？　悪いものなのか？』の判断をしていました。また、動物が植物のなかで傷を癒したりしているのを見て薬理効果を学んできました。数千年も前から植物の薬理成分を利用して病気の治療や予防を行ってきたのです。

　アロマテラピーはこの薬理成分をもつ芳香植物が基になっています。

　アロマテラピーの歴史は約5000年前のエジプト・メソポタミア文明の頃にさかのぼります。アロマテラピーの発祥地は地中海沿岸やエジプト周辺といわれています。地中海沿岸は温暖な乾燥気候で降水量も適度にあり、水はけの良い土壌はハーブにとって好条件の土地柄だったといえます。

　ここにはアロマテラピーやメディカルハーブの基になるようなハーブがたくさん自生しており、古代エジプト人はこのハーブをさまざまなことに利用して、生活のなかに取り入れていました。ハーブの花や葉・茎などからエキスを抽出して、生薬・宗教儀式・ミイラ作り・香水などに利用していたと思われます。

古い文献に、ミイラの防腐剤にはミイラの名前の由来となったミルラやシダーウッドが使用され、枕元にはヤグルマギクが添えてあったと記されています。

　11世紀にはアラビア人により精油を作り出す蒸留法が開発され、ペストやコレラの感染症予防に使用されて医療の世界でも利用されるようになりました。16世紀に入り、対症療法を中心とする西洋医学が発達すると、原始的な植物療法は一時衰退していきました。

　アロマテラピーが復活するきっかけとなったのは、1920年代に「アロマテラピー」という書籍を著したフランスの科学者、ルネ＝モーリス・ガットフォセによります。彼は「アロマ」＝香り・芳香、「テラピー」＝治療・療法という２つの言葉から「アロマテラピー（芳香療法）」と名づけました。

　植物エキスの薬理成分は身体面、香り成分は感情面や精神面に作用し、心身の両面に同時に作用します。

　もともと人間や動物には外面側・内面側からの環境変化に対して、常に一定の状態を保とうとする恒常性（ホメオスターシス）という能力があります。環境の変化が過度に繰り返されたり衝撃が大きいと、対応できなくなってストレスを感じ、結果的には免疫力が減少し心身の不調が生じるのです。

　アロマテラピーは、天然の植物の花や葉の香りを利用し、嗅覚を通して心身に働きかけて、ゆっくりとホメオスターシスを自然に取り戻すホリスティック療法のひとつです。また、他のさまざまな療法の補完をして、より相乗効果を得るようにするのがアロマテラピーです。

## 2-2 精油について

### ●●● 精油とは何なのか ●●●

アロマテラピーの基になるものが精油です。

精油とは植物の花、葉、茎、枝、根、果皮、樹皮、種子、樹脂などから抽出した天然の有効成分を高濃度に含有した揮発性の芳香物質です（社団法人日本アロマ環境協会による「精油」の定義より）。

植物は各々異なった部位の細胞組織内に油胞をもっていて、精油成分を含有しています。精油は非常に濃縮された状態で含有されていて、芳香成分や含有率により、心身への働きや効果が異なります。濃縮された芳香成分である精油は、通常は希釈して使用します。

精油は油脂と思われがちですが、食用油脂のような固定油とは異なり、独特の性質をもっています。それゆえ、この性質を活かしたさまざまな取り入れ方や利用法があるのです。

### ●●● 精油の特性 ●●●

精油は独特な性質をもっています。この性質は、精油の使用方法などにもかかわります。

- **芳香性**：精油は植物の芳香成分自身なのです。
- **揮発性**：精油は揮発する性質があり、そのまま放置しておくと蒸発します。
- **脂溶性**：精油は水より軽く、浮いて溶けません。しかし油分やアルコールにはよく溶けます（親油性）（疎水性）。
- **引火性**：精油は火気に近づけると引火する可能性があるので取り扱いには注意が必要です。

---

### 良質な精油の見分け方

精油を購入するときは、安全性の高い良質な精油を選ぶことが大切です。安心できる専門店で購入し、以下の点を確認するとよいでしょう。

- **品名・学名・産地・抽出部分や抽出方法・製造年月日・ロット番号を確認します。**

  学名はラテン語で表記され、世界共通語です。植物は同一種名であっても多くの亜種が存在するため、学名で認識します。

  産地や抽出部分、抽出方法が同じでも、その年の気候や土壌などにより成分内容が異なるので、より良質な精油を選ぶためには必要な情報を確認します。

- 精油は劣化しやすく、さまざまなものを溶解する性質をもっています。容器は遮光性のガラスビンでなければなりません。

  容器の蓋は開閉防止キャップ（バージンキャップ）、ドロッパーがついていればより安心して使用できます。

### ●●● 精油の希釈濃度 ●●●

　精油は芳香成分が濃縮されているので、原液で使用することは避けてください。安心して精油を使用するために希釈率を知っておくと便利です。

　一般的に、希釈濃度は1％を目安にします。イギリスタイプのドロッパー(ED)は1滴が0.05mlになっています。

> **Point**
> 1％で希釈するには
> 　『精油1滴：水やオイルなど5ml』
> にします。
> 特にペットの場合は、より濃度を低くして使用することをお勧めします。人間の4分の1が目安といわれています。

### ●●● 植物が精油を含有するようになった理由 ●●●

　植物は光合成により、酸素と二酸化炭素の第一次代謝を行います。

　土中からは水分やミネラルなどの養分を吸収して糖質やアミノ酸などを合成します。そして第二次代謝産物である芳香成分を生成するのです。

　植物は生存するためにさまざまな目的をもって進化の過程で精油を取り入れました。周囲の生物を利用しながら種を残すためだったり、真菌や細菌、昆虫や動物などの外敵から身を守ったりしたのです。

　動物の生命は植物の提供なしでは成り立たず、互いに共存し合っているのです。

---

#### ケミカル・コミュニケーション

1）**誘引効果**：植物の香りによりハチ・チョウなどの昆虫や鳥を引き寄せて、受粉したり種子を遠方に運んでもらいます。
2）**忌避効果**：虫や鳥の苦手なにおいを分泌して遠ざけたり、摂食されるのを防ぎます。
3）**抗菌効果**：真菌や細菌から身を守ります。
4）**生存競争**：他の植物の種子の発芽や成長を止めたり、また逆に自分自身の成長を抑えたりして発芽の調整をします。
5）**冷却作用**：太陽の熱から身を守るため、精油を蒸発させて自らを冷やします。
6）**創傷効果**：傷ついた樹皮は、自ら樹液や樹脂を溢れさせて傷を塞いだり癒します。
7）**多感効果**：ウイルスや病気に侵入されると周囲の仲間に危険信号を出して侵入されたことを知らせます。また周りの植物は侵入されないように、精油を出して自らの身を守ります。

### ●●● 精油の抽出方法 ●●●

　植物の種類により含有成分や特徴が異なるため、精油の抽出方法も異なります。抽出方法によっては精油成分にダメージを与えてしまうことがあり、品質を保つために、種類によって抽出方法が異なるのです。

　正しい抽出方法を知ることは、使用する際にも重要になります。ここでは、代表的な3つの方法を記しました。

　そのほかに、油脂吸着法・液化ガス抽出法・熱水蒸気法など、さまざまな抽出方法があります。

#### 水蒸気蒸留法

　精油を採取する方法のなかで、最も多く使用されています。

　芳香原料を蒸留釜に詰めて、釜底から水蒸気を吹き込み、芳香成分を蒸発させます。原料から蒸発した水蒸気を冷却することにより、精油を含んだ蒸留水を採取します。

　表面に浮いた油成分を精製したものが精油です。留水された芳香水は副産物として「フローラルウォーター」または「ハイドロゾル」と呼ばれ、微量の精油成分が含まれていて芳香性があり、さまざまに利用されます。ペットに使用するにはとてもお勧めです。

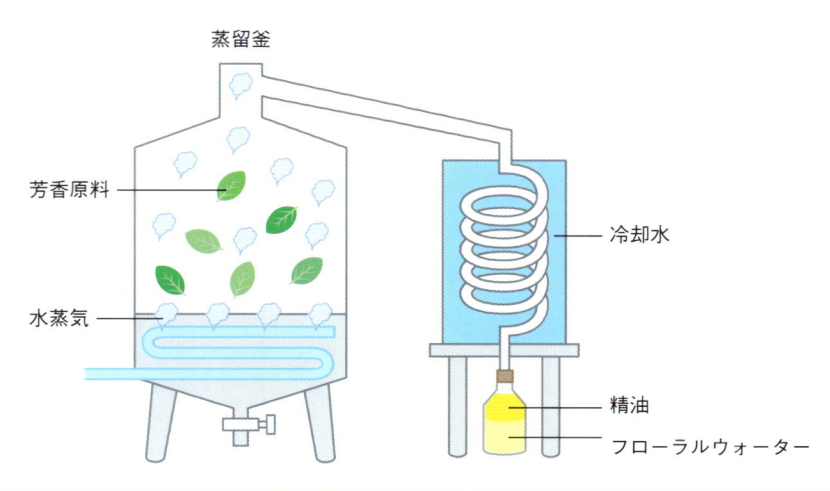

蒸留釜　芳香原料　水蒸気　冷却水　精油　フローラルウォーター

## 圧搾法

熱に弱い柑橘系の果皮を抽出するのに適した方法です。果皮は表面に油房をもち、ローラーや圧力をかけた圧搾機で絞って精油を採取します。

現在は、果実を丸ごと機械で絞り、後で精油と果汁に分離する方法が採られています。

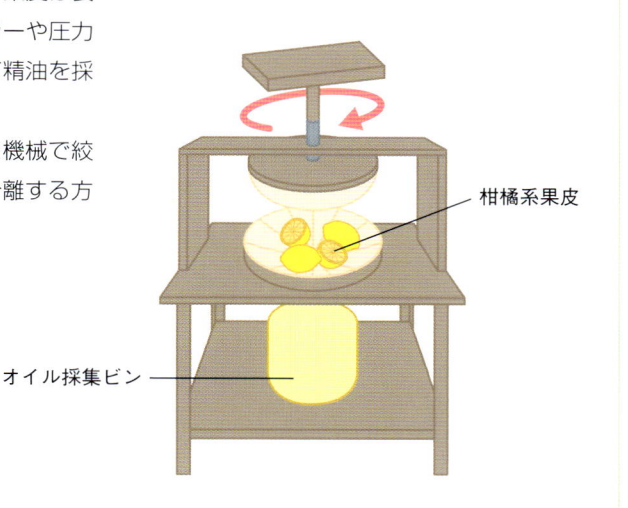

柑橘系果皮
オイル採集ビン

## 有機溶剤抽出法

水蒸気蒸留法などでは芳香成分が破壊されてしまうローズやジャスミン、ミモザなどのデリケートな花材に用いられる方法です。大量の芳香原料から採取するのに適しています。

有機溶剤（石油エーテル・ヘキサン・ベンゼル・エタノールなど）に花材を浸して成分を浸出させます。その後溶剤を除去し、残ったコンクリート材にエタノールを加えて分離し、さらにエタノールを取り除くと、最後に精油成分が得られます。

この抽出方法の精油は「アブソリュート（Abs.）*」と呼ばれ、完全に除去するには限界があり、微量の有機溶剤が含有されます。

＊アブソリュートはAbs.と明記されています。

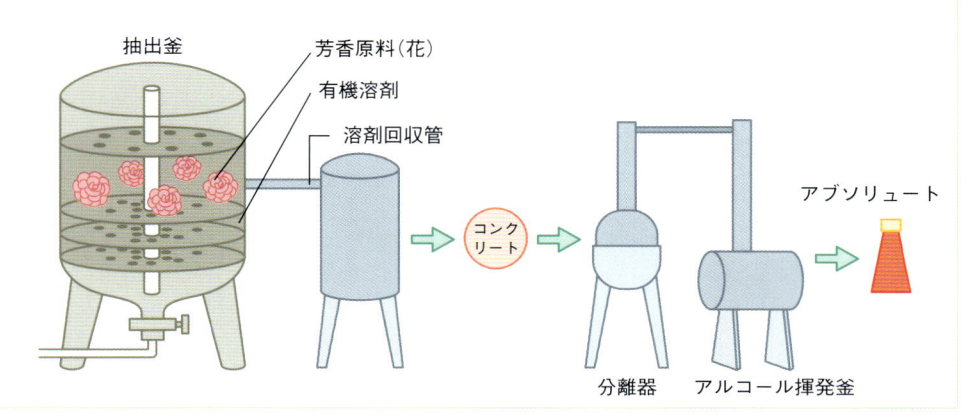

抽出釜
芳香原料（花）
有機溶剤
溶剤回収管
コンクリート
アブソリュート
分離器　アルコール揮発釜

## 2-3 においと嗅覚

### ●●● におい ●●●

　私たちは普段何気なくにおいを感じて過ごしていますが、においとは一体どのようなものなのでしょうか？　物体や生物から気化した揮発性物質は空気中で希釈され、空気の対流によって拡散されます。そして、呼吸により拡散されたにおいの分子が鼻腔に入り、鼻粘膜を刺激して知覚されることを「におい」と呼んでいます。

　においの分子はまず常温での蒸気圧をもって気体となって揮発しなければならず、さらに鼻粘膜中の粘液層に溶け込んで脂肪質に浸透しなければなりません。つまり、においの物質は気体であり、水溶性と脂溶性などの性質を備えている必要があります。

　においは、記憶といっしょに残ります。特に犬は、においを記憶に残すことに優れています。においの物質が嗅覚から大脳辺縁系に伝達されると、感情や記憶に結びついて反応するのです。そして人間は、においを快い感覚の「匂い・香り」と不快な感覚の「臭い・悪臭」に区別して判断します。

### ●●● 嗅覚 ●●●

　人間は生命維持をしていくうえで必要な五つの感覚（五感）をもっています。
　視覚・聴覚・触覚は原始的な感覚で「物理的感覚」といわれています。
　味覚・嗅覚は非常に複雑な感覚で「科学的な感覚」といわれています。
　そして、アロマテラピーにとって必要な嗅覚は、私たちを身の回りにある危険から守ってくれる重要な感覚でもあり、他の器官よりも早く発達したものと考えられています。たとえば、ガス漏れの臭いを感じ取ることができ、爆発を防ぎます。腐敗した食べ物の臭いを嗅ぎ取ることによって、食中毒を未然に防いでくれます。

　生活環境の状況や変化などの情報を取り入れるためにも、五感は重要な役割を果たしているのです。

　生物のなかには、嗅覚の感度が高いものと低いものがいます。
　感度の高いものには、魚・昆虫・哺乳類（犬では特にシェパード・ダックスフンドなど）があげられ、感度の低いものには、人間・類人猿・クジラなどがあげられます。
　犬の嗅覚の鋭さは周知のうえですが、嗅覚の構造において違いがあるのです。
　においの物質は40万種ほどあるといわれています。人間は訓練にもよりますが、約2千～1万種のにおいを区別することができ、犬の嗅覚は人間の数千～1億倍ものにおいの嗅ぎわけ能力があるといわれています。特に脂肪酸に関しては強い感度をもっています。
　嗅細胞の数では、人間は1～2千万個で、犬はその10倍の2億個以上もっています。鼻粘膜の面積においては、人間は3～4㎠ですが、犬は20～120㎠です。構造上においても犬が人間より優れていることが分かります。

魚類におけるサケやマスは、成魚になって産卵のため、数年かけて海から自分の産まれた川に戻ってきます。これは嗅覚による習性で「母川回帰」といいます。生後、水のにおいを記憶し、成魚になってもにおいの記憶を保ち続けられるのです。

　一方人間の嗅覚は、同じにおいを数分間嗅ぎつづけているとそのにおいに順応してしまい、においを感じなくなってしまいます。これを「嗅覚の順応性」といいます。精油を長時間使用することは香りに順応し、やがてその香りを感じなくなるため、徐々に濃度が高くなり、大変危険なことなのです。

## ●●● 嗅覚のメカニズム ●●●

　嗅覚のメカニズムを知ることでアロマテラピーがより理解できるでしょう。

　嗅覚は、大脳の側頭葉部に位置する器官です。鼻腔には中央で仕切られた一対の嗅覚器があり、この嗅覚器は、嗅上皮・粘膜固有層・嗅覚伝達路からなります。

　嗅上皮は鼻腔の上部に密集しており、嗅上皮内にはにおい物質を受容して認識する嗅細胞があります。

　粘膜固有層は、嗅物質と嗅細胞を刺激するのに必要とされる粘液を生産する嗅腺・血管・嗅神経からなります。

　嗅細胞の頂部を嗅小胞といい、鼻腔に突出していて、粘液中に嗅毛と呼ばれる線毛を伸ばしています。この線毛の表面に「におい物質」が付着するのです。

　嗅毛の表面には受容体があり、におい物質と結合すると脱分極して嗅細胞に嗅覚として伝達されます。嗅細胞の軸索は集合体となって20数本の嗅神経として嗅索を経て大脳辺縁系や視床下部に伝達されます。

| 嗅上皮 | | 粘膜固有層 | 嗅覚伝達路 | | | |
|---|---|---|---|---|---|---|
| 芳香物質 → | 嗅毛 → 嗅細胞 → | 嗅神経 → | 嗅球 → | 嗅索 → | 大脳辺縁系 | 視床下部 |

　嗅覚を通して伝達されたにおい物質は、においとして知覚され、大脳辺縁系*や視床下部*につながり、感情や記憶に結びついて精神面に大きく影響するのです（*は23ページを参照してください）。

### 嗅覚器

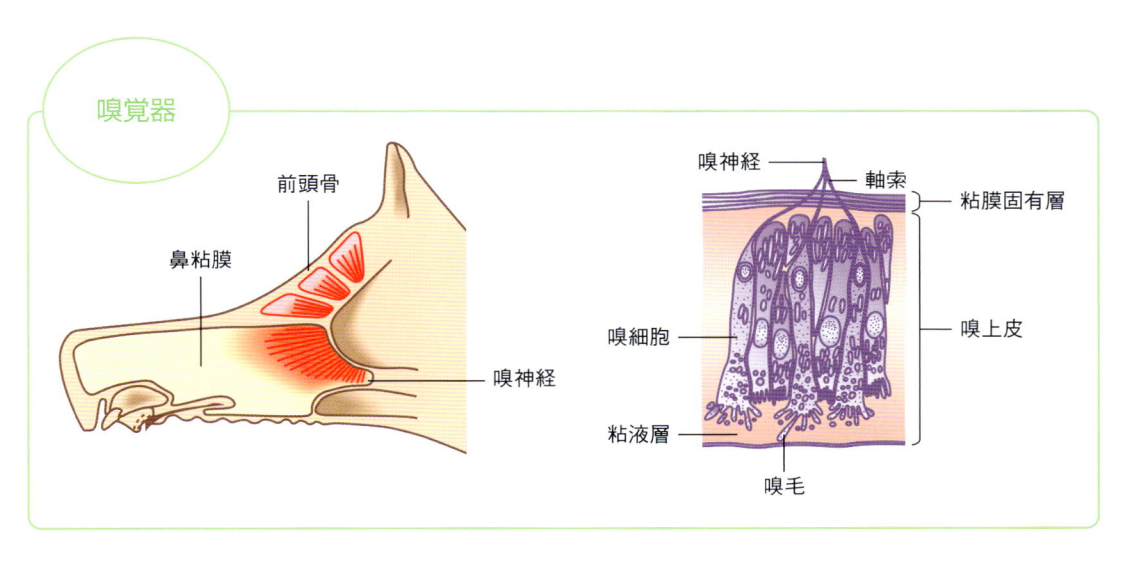

（図：前頭骨、鼻粘膜、嗅神経／嗅神経、軸索、粘膜固有層、嗅細胞、嗅上皮、粘液層、嗅毛）

## 2-4 アロマテラピーのメカニズム

香りは嗅覚を通して大脳で感じ取り、芳香成分は精神面に、薬理成分は肉体面に働きかけます。脳の働きは、アロマテラピーにとってとても重要です。たとえば、森林の中で深呼吸をすると、気分が爽快になり、気持ちが落ち着きます。これは、植物から発散される物質（フィトンチッド）が脳に刺激を与えるためです。

脳は大きく分けると大脳・間脳・脳幹・小脳から成り立っています。大脳は、前頭葉・側頭葉・頭頂葉・後頭葉の領域に分けられます。軟膜で覆われた厚さ2～3mmの大脳皮質は、大脳半球の上面の外側面に位置して内部を覆っています。

特にアロマテラピーにかかわる大脳辺縁系は、この大脳皮質の重要な器官といえます。

大脳辺縁系は、機能的な概念で大脳や間脳のさまざまな要素を含んでいます。記憶の処理や感情に働きかけ、それに関連した行動などの機能をもち、嗅覚と結びついて作用するのです。犬や馬も人間と生理機能がほとんど同様のため、アロマテラピーに関するメカニズムも変わりがありません。

ここではアロマテラピーにかかわる部分のみ、脳の機能を取り上げてみました。

### 脳の構造

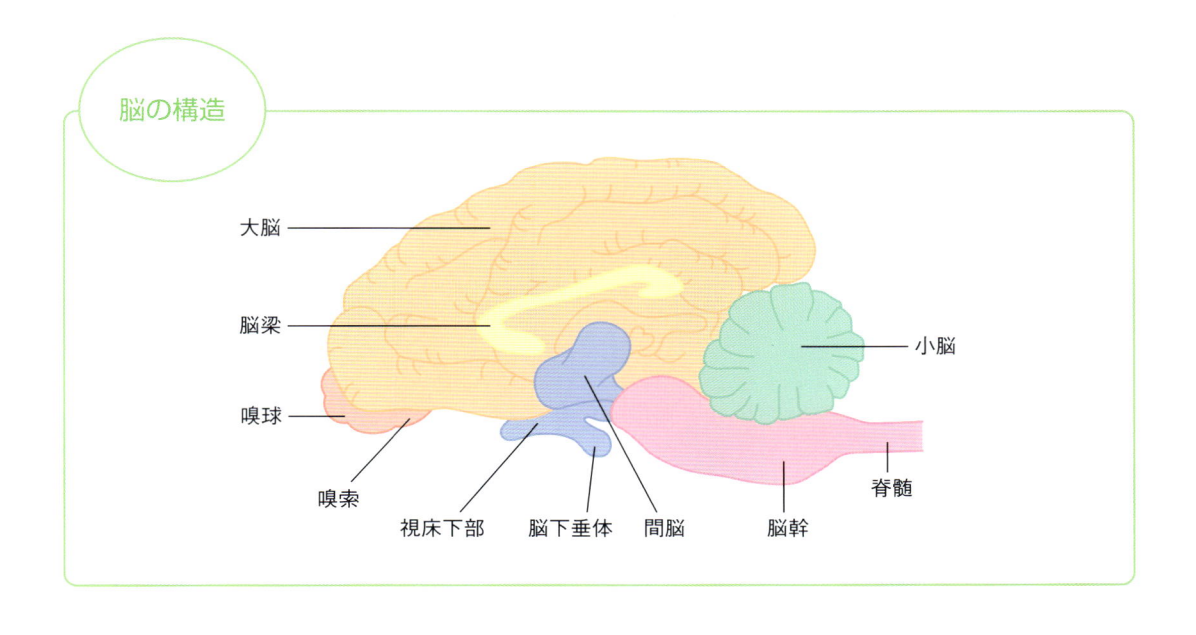

図中ラベル：大脳／脳梁／小脳／嗅球／嗅索／視床下部／脳下垂体／間脳／脳幹／脊髄

| | |
|---|---|
| 大脳 | 脳の中で最も大きく、左右の大脳半球から形成され、間脳の上に位置します。知的機能はこの部位で行われます。<br>● **大脳皮質**：意識的思考や知的行動を支配している部位で、本能や感情にかかわる活動も支配しています。嗅覚は、この側頭葉部に位置します。<br>● **大脳辺縁系**：大脳皮質の機能単位であり、大脳の内側面で間脳と脳梁の境界部を覆っているので辺縁系と呼ばれています。嗅球・嗅索・海馬・扁桃体などの神経核を含みます。本能や感情、記憶にかかわり、生命維持の中枢です。<br>● **海馬**：タツノオトシゴに似ているので命名され、学習能力と一次記憶・長期記憶を司っている部位です。側脳室の床下に位置し、覆い隠されています。 |
| 間脳 | 大脳と脳幹を連絡する役割をもっています。視床上部・視床・視床下部からなります。<br>● **視床下部**：間脳の床部分に位置していて、生命維持にとっては重要な中枢です。常に大脳と脳幹と脊髄からの感覚情報を受け取り、その組織変化に対応しています。神経系とホルモン分泌系を結びつける役割をし、情動と内臓機能や自律神経（体温・渇水分・血圧・心拍・メラトニンリズム・食欲・性欲・内臓の働きなど）の調整をします。<br>● **脳下垂体**：視床下部とつながっていて、ホルモン調整をコントロールする部位です。 |
| 脳幹 | 大脳と小脳の情報中継の役割をもち、脊髄を結ぶ中脳・橋・延髄からなります。大脳の中へ幹のように入り込んでいるため、脳幹と呼ばれています。 |
| 小脳 | 感覚情報と記憶に基づく身体運動のバランスを調整します。筋肉の調整と複雑な運動を統合します。 |

### ••• 精油の作用機序 •••

精油は、通常、気体あるいは液体で体内に取り入れられます。気体は嗅覚を通して脳神経に、もう一方では血流により体内に働きかけます。液体は皮膚組織からの浸透によります。精油が心身に働きかけたとき、香りはどのように感じられるのでしょうか？

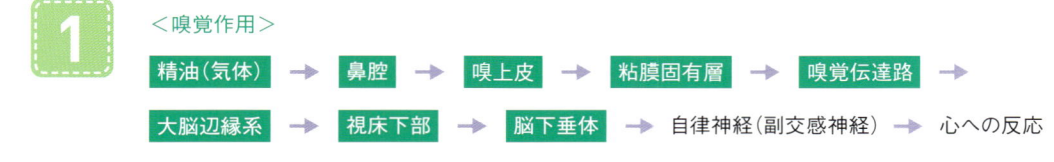

**1** ＜嗅覚作用＞

精油（気体） → 鼻腔 → 嗅上皮 → 粘膜固有層 → 嗅覚伝達路 →
大脳辺縁系 → 視床下部 → 脳下垂体 → 自律神経（副交感神経） → 心への反応

芳香浴などにより揮発された精油成分は、鼻孔から鼻腔に入り、脳神経へと作用します。嗅覚から伝達された情報は、大脳辺縁系で感情や記憶に結びつき、視床下部や脳下垂体で自律神経の副交感神経に働きかけ、ホルモン調整をします。

このとき嗅覚は、先に大脳辺縁系に伝達され、大脳皮質には後から認識されるため、知的行動は取られず、直接身体にリラックス感が得られるのです（嗅覚のメカニズムは21ページを参照してください）。

**2** ＜肺循環作用＞

精油（気体） → 鼻腔 → 肺胞 → 血管（血流） → 全臓器 →
排出 → 身体への反応

芳香浴などにより揮発された精油成分は、鼻孔から鼻腔、のどを通って気管へ、さらに肺胞へ吸収され、血管を通して血流により全身、全臓器に循環されます。血流は20分ほどで体内を一周するといわれています。

芳香成分は各臓器で分解され、最終的には呼気・汗・尿・便などとなって数時間後には体外へ排出されます。このとき、鼻腔から入った精油成分は、**1**と**2**の経路を同時に知覚します。このため、精神面と身体面の両面に作用するのです。

### 3  <経皮作用>

精油（液体） → 皮膚の表皮・真皮・皮下組織（末梢血管） → 全臓器 →

排出 → 心身への反応

　マッサージなどによる芳香成分は液体で、皮膚に付着し、皮膚組織内に5分ほどで浸透するといわれています。表皮・真皮・皮下組織を通過して血管に吸収され、血流により全身、全臓器に循環され、数時間後には排出されます。

　犬の場合は、精油成分を被毛に付着させてマッサージなどを施すので、皮膚から吸収される量はごくわずかといえますが、人間と動物の皮膚構造は異なる点もあるので考慮が必要です。しかしながら、血管から吸収する方法は消化器系を介さないため、胃腸に負担がかからないので安心です。

　このとき、1 と 3 の経路も同時に知覚するので心身ともに作用し、より相乗効果が得られるのです。

### 4  <経口作用>

　そのほかに飲料する方法がありますが、わが国ではお勧めしていません。

　飲料する場合は、同じ効果の「ハーブティー」を薄めて取り入れることをお勧めします。

　ペットに飲料させるときはハーブティーを薄めて飲ませようとしてもなかなか飲まないため、手作りごはんなどに混ぜたり、上からかけて飲食させたほうが手軽に摂取できてよいでしょう（手作りごはんは第4章を参照してください）。

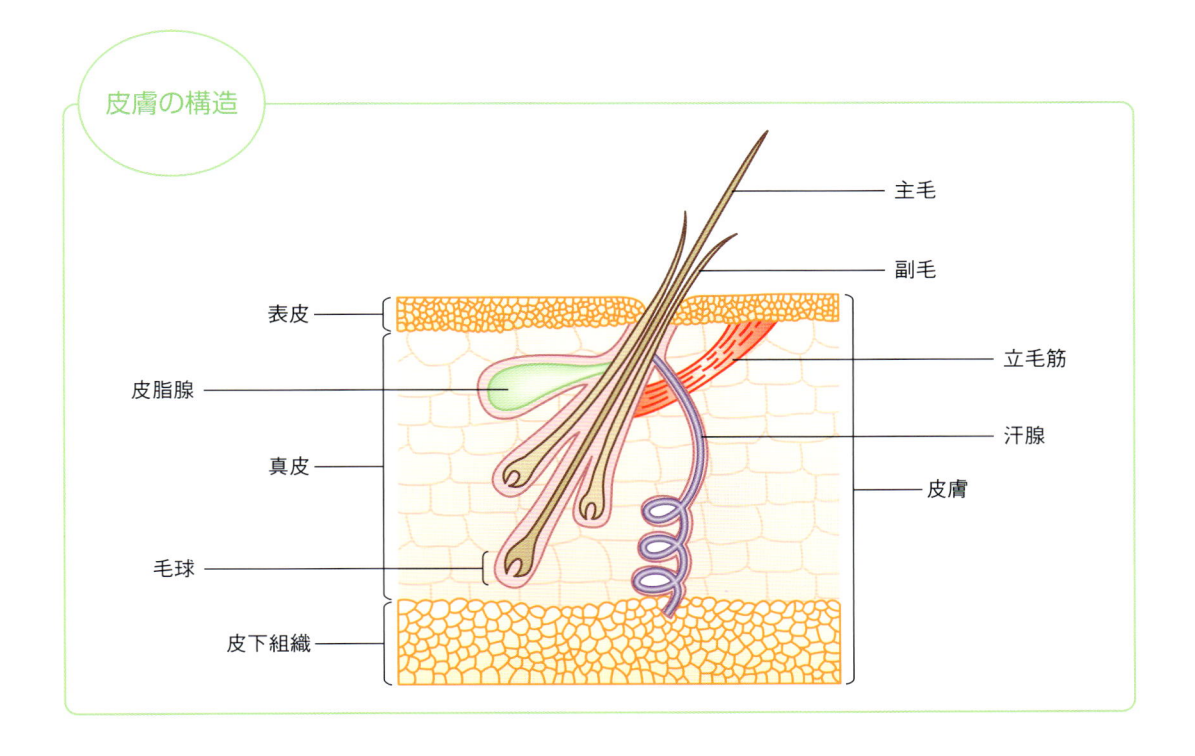

**皮膚の構造**

- 表皮
- 皮脂腺
- 真皮
- 毛球
- 皮下組織
- 主毛
- 副毛
- 立毛筋
- 汗腺
- 皮膚

## 2-5 ペットのストレスとアロマテラピー

### ●●● ペットにアロマテラピーなの？ ●●●

　アロマテラピーは人間を対象に研究され、考えられてきました。それに伴ってアロマ商品も研究開発されてきたのです。しかしながら、ルネ＝モーリス・ガットフォセをはじめとする科学者たちは、犬や馬を使って研究実験を行ってきたわけで、ペットへのアロマテラピーは何の不思議もないのです。

　むしろ人間より先にアロマテラピーを経験していたのは動物といえるのではないでしょうか。近年、異業種業界や各企業のペット産業への参入は目覚しいものがあります。

　ペットショップには、さまざまなアイテムのアロマ用品がたくさん並んでいます。ペットカフェでは、ペット用のオーガニックケーキやハーブティーがメニューになっています。動物病院では西洋医学の補完療法として、アロマテラピーを取り入れています。では、なぜこのようにペットの世界にアロマテラピーが盛んに取り入れられているのでしょうか？

　この背景には人間とペットのかかわる家族形態の変化が大きく影響していると思われます。人間とペットの共生・共存は永遠のテーマですが、もともとペットは、大家族のなかで飼育動

物として位置づけされていました。ところが次第に核家族となり、愛玩動物というかたちで家族の一員として生活するようになります。

　現在では独身者、高年齢者、熟年夫婦の伴侶としての役割をもつようになり、伴侶動物＝コンパニオンアニマルといわれています（本来コンパニオンには、パートナー・仲間・友人・話し相手などの意味があります）。

　つまり、ペットは人間と同じように家の中で生活し、同じように扱われることで人間に合わせた生活形態を取らざるを得ず、飼い主の環境に合わせなくてはならないのです。人間がストレス社会にさらされているのと同様に、ペットにも生活圏のなかにストレスを感じるような要因が増えていると考えられます。

　現代では人間もペットも生活が豊かになり、物も豊富で寿命も長くなりましたが、その反面、今まででは考えられないような病気や問題行動が生じています。対症療法をする西洋医学に行き詰まり感があるのも否めません。

　そこで、抗生物質やステロイドに頼ることなく免疫力を高め、西洋医学が不得意とする精神面にも働きかけ、心身ともに健康を取り戻せるホリスティック療法を取り入れることが必要とされているのです。

　飼い主さんとペットがともに健康であるということは幸せなことであり、健康であるためにはストレスを軽減することが必要なのです。健康に最も大きな影響を及ぼすのはストレスと考えられるからです。まずはストレスの仕組みをよく知り、ストレスの原因を探すことが大切になります。それでは、ストレスの原因とは何か考えてみましょう。

### ●●● ストレスとストレッサー ●●●

ストレスとはそもそも物理学用語になります。

物体に圧力がかかると歪みが生じ、歪みは元に戻ろうとする反応をします。この反応をストレスといい、体内で起こる防御反応のことです。

人間や動物は恒常性（ホメオスターシス）という本能を備えています。外的要因や内的要因（精神面）からの環境の変化に対して一定に戻ろうとする状態をいい、この反発するエネルギーをストレスと感じるのです。そして、ストレスの原因となるものをストレッサーといいます。ストレッサーは大きく分類すると次のように分けられます。

#### 一般的なストレッサー

- **物理的要因**：騒音、暑さ、寒さ、湿度、振動、採光など
- **化学的要因**：薬物、食品添加物、栄養不足、悪臭、光化学スモッグ、ダイオキシンなど
- **生理的要因**：睡眠不足、病気、疲労、アレルギー物質、ウイルスなど
- **心理的要因**：精神的苦痛、怒り、哀しみ、緊張、不安、不満、自信、対人トラブルなど

飼い主の皆さんでストレスを感じている方は、自問自答してみて下さい。どれか当てはまる要因はありませんか？　人間の私たちには比較的分かりやすいのですが、話すことのできないペットは、飼い主さんが理解してあげるしかないのです。

ペットは自分の気持ちを必ずなんらかのサインとして発信しているので、飼い主さんはこのサインを見逃さず、早く気づいてあげることがとても大切になります。

### ●●● ペットのストレス ●●●

動物も人間同様に、心と体のバランスは互いに影響し合っています。心身のバランスが崩れればストレスとなって現れます。精神面において不安感や不満を感じるようになれば問題行動などに発展し、肉体面では免疫力が低下してなんらかのかたちで影響がでるでしょう。

それでは、ペットにとってストレスの要因とはどのようなものなのでしょうか？　私たちには気がつかないようなことがペットにとってはストレスになっているのです。

#### ペットにおけるストレッサー

- 家族構成の変化、引っ越し、居場所がないなど、環境の変化
- 騒音、温度差、振動、採光
- 薬物の副作用、栄養の過不足、悪臭、不衛生
- 病気やけがの痛み、苦痛、空腹、のどの渇き、排泄、運動の過不足
- （人間や他からの）脅威、不安、不信、孤独、愛情過不足、暴力

### ●●● ストレスによるペットの反応 ●●●

　ストレスによるペットの反応を見逃さないことが大切です。ここでは、代表的な犬の例をあげてみました。

- 落ち着きがなくなったり、攻撃的な行動を取るようになる
- 自分の体を噛んだり、舐めつづけたり、尻尾を追ってぐるぐる回るようになる
- よく吠えるようになったり、キュンキュンと鼻を鳴らすようになる
- 家具や靴をかじったり、排泄物をかけたり、粗相をする
- 筋肉が硬くなったり、毛艶が悪くなったりする
- 食欲の低下や下痢、便秘をする

　ストレスの反応を読み取るにはカーミングシグナルを見るのもよいでしょう。カーミングシグナルとは、犬がストレスを感じたとき、自ら軽減しようとする行動のことをいいます。
　たとえば、「顔を背ける」「目だけを背ける」「横を向く」「あくびをする」「鼻を舐める」「尻尾を振る」などのシグナルを注意深く観察してください。
　ストレスを軽減したり取り除くことは心身のバランスを保つことになり、健康を維持することにつながります。ストレスの仕組みを知ることによって、よりストレスを理解できるのではないでしょうか。

## ●●● ストレスのメカニズム ●●●

　自律神経は交感神経と副交感神経の2つに分けられ、互いにバランスを取り合って調整をします。ストレスを感じ取ると交感神経が心身に刺激を与えます。

　まず大脳辺縁系がストレスを感知すると、体内では防御・闘争体制に入ります。そして神経伝達物質（ノルアドレナリン、アドレナリン、ドーパミンなど）が分泌されるのです。さらに視床下部を通して、最初は自律神経の「交感神経」が反応して闘争ホルモン（カテコールアミン）を分泌し、心拍数を高め、血圧を上昇させます。このとき、体内では脳や筋肉、内臓へ酸素や血液を送り込み、糖やグリコーゲンを蓄え、防御や闘争のためのエネルギーを備えます。

　一方、脳下垂体は抗ストレスホルモンである「コルチゾール」の分泌指令を出します。コルチゾールは、抗炎症作用や肝臓にグリコーゲンを増加させたり、カテコールアミンの補助的な役割をします。

　しかし、このような状態は長い時間持続することはできません。また、ストレッサーが強すぎたり、繰り返されたりするとホルモン分泌不足に陥ってしまい、免疫力が低下します。そして、結果的には神経症、自律神経失調症などといった病気を併発すると考えられます。

　本来、私たち生物は本能的に外的要因や内的（精神的）要因による衝撃を受けても一定に保とうとする恒常性（ホメオスターシス）の働きを備えています。自律神経のバランスを保ち、またもとの正常な状態に戻す力を備えるために、ホリスティック療法が必要とされるのです。

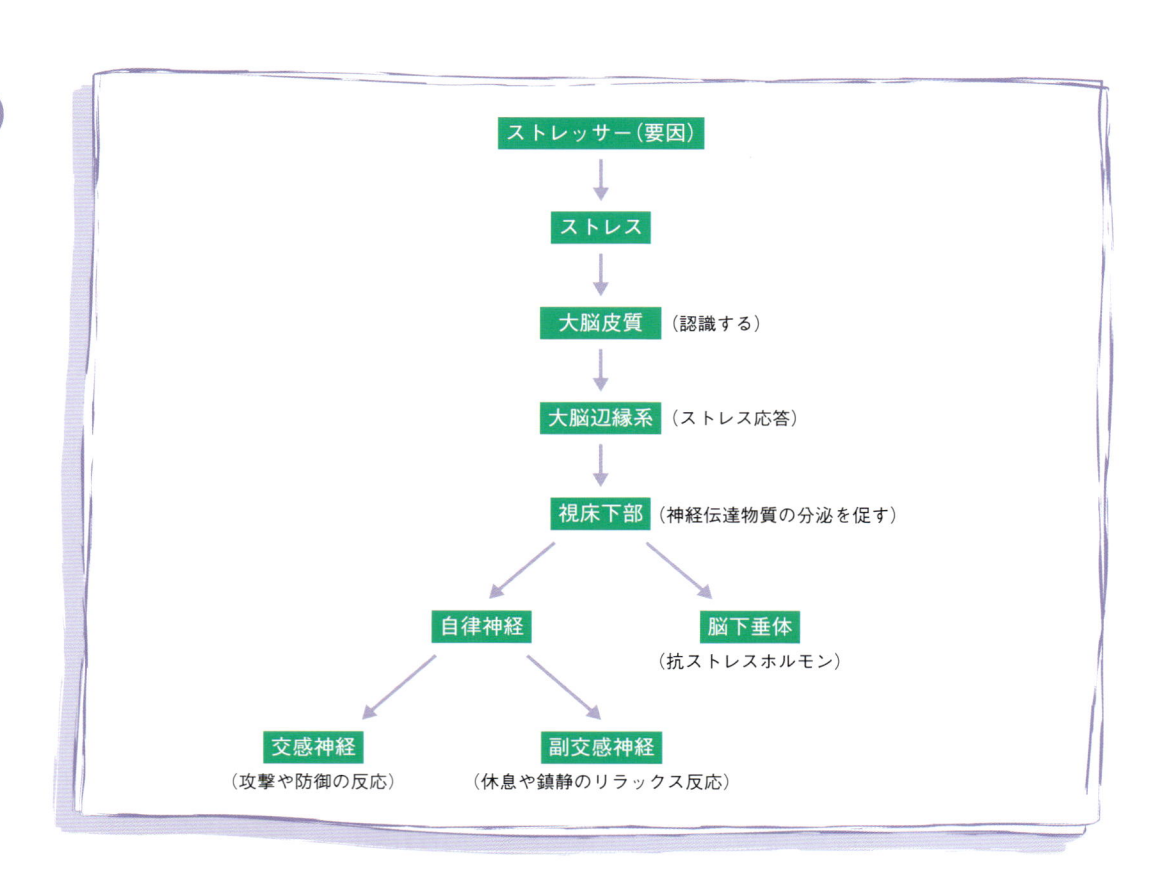

```
ストレッサー（要因）
    ↓
  ストレス
    ↓
  大脳皮質　（認識する）
    ↓
  大脳辺縁系　（ストレス応答）
    ↓
  視床下部　（神経伝達物質の分泌を促す）
    ↓         ↓
  自律神経    脳下垂体
              （抗ストレスホルモン）
   ↓    ↓
 交感神経  副交感神経
（攻撃や防御の反応）（休息や鎮静のリラックス反応）
```

### ●●● ストレスのマネージメント ●●●

　可愛いペットのリラックスした状態をつくるには、ストレスの仕組みを知り、ストレッサーを取り除いてあげることが必要になります。しかし、一般社会ではストレッサーのすべてを取り除くことは無理なことであり、最小限に留めることしかできません。よって、交感神経を抑えて副交感神経を刺激し、リラックス感が得られるようにします。

　このように、リラックスさせる基本は、自律神経の交感神経をなるべく抑えて、副交感神経を刺激することです。そのためには、積極的に心と体のバランスを整えて健康を考えるホリスティック療法を取り入れるのもよいでしょう。飼い主さんとペットでいろいろ試してみてください。ここ近年では、温泉療法やスイミング療法なども取り入れられています。

　飼い主さんは、何よりも愛情をもってペットと接してコミュニケーションをとることが大切ではないでしょうか。ストレスによるサインを見逃さず、ストレッサーを取り除いてコントロールできるようにするとよいでしょう。

## ホリスティック療法の代表例

- マッサージ
- カイロプラクティック（整体）
- 鍼灸・指圧
- Ｔタッチ（テリントンタッチ）
- ホメオパシー
- アロマテラピー
- メディカルハーブ
- フラワーレメディー
- 手作りごはん
- サプリメント

＊10～11ページを参照してください。

## 2-6 ペット・アロマテラピーの取り入れ方

　さまざまなストレスを抱えているペットは、自律神経のバランスが崩れている状態になっています。ホリスティック療法ともいえるアロマテラピーは、ペットの健康管理や病気の予防などに役立ち、ペット先進国ではすでにグルーミングやしつけなどに幅広く利用されています。

　特に犬や馬は生理学上人間に似通っているため、アロマ効果が期待できると思われます。しかし動物は各々代謝機能が異なるので、使用の際には注意が必要になります。対象になるのは「犬、猫、馬、鳥、ウサギ、ハムスター」などで、ほとんど芳香浴が中心になります。

　まずはペットの好みの香りを探します。希釈した精油を手のひらに取り、体温で温めながらペットの鼻先に揮発させ、様子を見ながら探してください。決して無理をせず、アロママッサージを初めて施す場合は必ずパッチテストを行う必要があります。両生類、魚類、海洋生物などは対象外になります。

### ●●● 犬のアロマテラピー ●●●

　芳香浴・足浴・温湿布・アロママッサージ・スプレーなどの方法をお勧めします。

　バンダナなどにラベンダーやゼラニウムの精油を垂らして首輪などに結びつければ、散歩時の虫除けにもなります。

　また問題行動などのしつけやグルーミングなど、ボディーケアをする際のタッチに慣れさせるときなどに、好みの香りや鎮静効果のある精油を利用して行います。

　芳香浴は、芳香拡散器や素焼きの石、マグカップ等に精油を垂らして芳香する方法です。

　ペットの場合は10分ぐらいを目安にして、換気に十分注意して行います。芳香拡散器のコードなどはいたずらの対象になりますので気をつけてください。

　生後8週齢までは代謝機能が確立していないので使用は控えてください。生後6ヵ月未満の芳香浴やマッサージは、濃度や時間など十分な注意が必要になります。妊娠中や病気治療中、投薬中は避けてください。

＊ホリスティックマッサージの方法は第3章を参照してください。

＊スプレー、マッサージオイルの作り方は38〜39ページに掲載されています。

### ●●● 猫のアロマテラピー ●●●

　ネコ科は代謝経路が犬や馬とは異なるため、一般的にアロマテラピーは不向きといわれています。その理由は、肝臓での精油成分の解毒作用が緩慢で、代謝に時間がかかりすぎるからです。精油成分が体外に排出されず長時間残存することにより、肝臓に精油成分が溜め込まれやすくなり、中毒症状を起こす危険性があるのです。

　猫は一般的に柑橘系の香りが苦手といわれていますが、最初は希釈したフローラルウォーターを手のひらに取り、鼻先で揮発させ、様子をよく見て好みの香りを探してください。明らかに行動がおかしくなったり、くしゃみや鼻水を出すようなら使用を中止します。芳香浴のみをお勧めしますが、濃度に十分注意してください。

　ブラッシングのときなどのスプレーは、精油抽出時に留水されるフローラルウォーターを希釈して使用するとよいでしょう。

　猫は毛づくろいのときに舐めてしまうので、アロママッサージは避けたほうがよいでしょう。生後6ヵ月未満の使用は、濃度や時間などに十分注意してください。

　妊娠中や病気治療中、投薬中は避けてください。

### ●●● 馬のアロマテラピー ●●●

　馬のアロマテラピーはイギリスで広く利用されているので有名です。馬は鼻腔が広く、嗅覚も敏感な動物です。温泉療法や風呂につかるときなどに芳香浴をお勧めします。ボディーケアのときや虫除けなどにも効果があります。アロママッサージは筋肉に働きかけ代謝をよくし、疲労感を取り除いたり、毛ヅヤをよくしたりします。

　馬の場合、恐怖心を取り除くときや不安感からくる発作を鎮めるときに利用できますので、代表的な精油をあげておきます。

#### 馬に用いる代表的な精油
- ラベンダー：神経質になっているとき、気持ちを鎮静させてくれる
- カモミール・ローマン：リラックス効果をもたらしてくれる
- オレンジ・スイート：自信を与えて、気持ちを明るくさせてくれる

### ●●● 鳥のアロマテラピー ●●●

　鳥類は哺乳類と異なる体の仕組みや、複雑な呼吸器系をもっているため、揮発性の精油には注意が必要です。特に煙の出るものや芳香剤、長時間の芳香浴などは避けなくてはなりません。

　しかし、羽毛に寄生するダニへの忌避効果のある精油は、吸血を軽減し、鳥のストレスに効果があると考えられます。ケージや巣箱の除菌、空気清浄にはフローラルウォーターの使用をお勧めします。

　また、水浴びをさせるときなどは、十分に希釈したフローラルウォーターを直接、体にスプレーしてもよいでしょう。

　多くの鳥は嗅覚があまり発達していないため、芳香によるセラピー効果より、細菌、カビ、寄生虫の防除による行動の安定と健康維持を期待したほうがよいでしょう。

　ケージ内にハーブのブーケを置いたり、柑橘類（オレンジ）の皮付き輪切りを与えるなど、視覚に訴えるバーディウム*も効果的です(＊東京の野生動物事務局 佐藤理子氏提唱)。

　水浴び時のお勧めフローラルウォーターは、ペパーミント、ユーカリ、レモンなどです。

### ●●● ウサギ、ハムスター、フェレット、ラット、モルモットなど ●●●

　芳香拡散器を使用する芳香浴をお勧めします。

　ペットは好奇心が強いので、電気コードのいたずらや火気などに注意してください。

　ハウスの消臭や除菌、空気浄化用にスプレーする方法もお勧めします。直接体にスプレーすることは避けてください。

　そのほか、大型動物（牛・羊・豚・山羊など）に使用することも可能です。気持ちを鎮静させたり、動物舎などの空気清浄や虫除けなどに効果があります。

　次ページからペット・アロマテラピーに取り入れる代表的な方法をあげてあります。

## 芳香浴法

芳香拡散器を使用して精油を温めながら揮発させ、部屋などに香りを拡散させる方法です。ペットにアロマテラピーを施す場合はほとんど芳香浴になります。

芳香拡散器には、アロマポット、アロマライト、ディフェザー、その他身近な生活用品などがあげられます。

### 芳香浴法の代表的な種類

- **水を使うタイプのアロマポット**
  受け皿に水を張ってから精油を数滴垂らし、キャンドルに火をつけ、温めて使用します。つづけて使用するときは空焚きをしないように挿し水をして、換気も十分にしてください。キャンドルタイプは火気に注意します。

- **ライトタイプ**
  ライトの熱で香りを拡散させる方法です。受け皿に水を張るタイプと直に精油を垂らすタイプがあります。ペットが電気コードをいたずらしたり、低い位置にあると精油を舐めてしまう恐れがありますから十分に注意してください。

- **ディフェザー**
  超音波や風力を利用してイオン化した精油の粒子を拡散させる製品です。各メーカーの説明書の指示に基づいて使用します。

- **レンガや素焼きの石**
  精油をレンガや素焼きの石に直に数滴垂らします。持続的にゆっくりと揮発するので刺激が少なく、気管支の弱いペットにも安心して使用できます。飼い主が留守のときなど、火気を使用しないので安全です。

- **ティッシュペーパーやハンカチ**
  ティッシュペーパーやハンカチに精油を直に1滴ほど垂らします。外出先での芳香や消臭など手軽な方法です。ペットの乗り物酔いにも効果があります。

- **首輪やバンダナ**
  防虫効果のある精油をガーゼやバンダナなどに数滴垂らして首輪に結びつけます。散歩のとき、蚊やノミ、ダニ除けになります。

- **スプレー**
  散歩時の虫除けにはボディースプレーを散歩前に噴霧してください。散歩時は紫外線に当たるので光毒性に対する注意が必要になります。柑橘系の精油の使用は避けます。消臭や除菌にはハウスやケージやマットにスプレーを噴霧します。
  ＊「スプレーの作り方」は38ページに掲載してあります。

- **マグカップ**
  マグカップなどに熱湯を注ぎ、精油を数滴垂らして立ち上がる蒸気を芳香する方法です。
  火を使うこともなく、アロマ道具を用意する必要もないので、とても手軽に使用できて安全です。微量でも精油成分を含んでいますので、蒸気が目に入らないよう注意してください。

## ◯ アロママッサージ

　ペットも人間同様に心と体が互いに影響し合っています。人間と共に生活しているペットは思っている以上にストレスをかかえています。
　アロママッサージはペットの筋肉に働きかけて血行や代謝をよくし、さらにアロマテラピーの効果によって、ペットと飼い主が互いに心身ともにリラックスできる方法です。

- 精油をマッサージに使用するときは、キャリアオイルで希釈してマッサージオイルを作ります。基本の濃度は１％を目安としますが、ペットの場合は少量のオイルを使用します（17ページを参照してください）。
- アロママッサージは犬が対象になりますが、犬の皮膚は人間よりも薄くとてもデリケートなのでマッサージを施すときは、被毛にアロマオイルを少量付着させ、アロマの香りを取り入れることを目的として行ってください。
- 精油を使用する前にアロマオイルを手のひらに取って温めながら揮発させ、犬の状態をよく観察してください。このとき、いきなり鼻先に近づけるのではなく、少しずつ近づけてみます。嫌がるようなら無理をしないでください。アロマオイルを近づけたとき、鼻水やくしゃみをするようなら中止します。
- アロママッサージを施す前に必ずパッチテストを行います。
　精油を希釈したオイルを耳の内側や内股などに付着させ、24〜48時間様子を見ます。炎症やかゆみなどを確認してください。

＊「マッサージオイル」の作り方は39ページに掲載してあります。
＊「ホリスティックマッサージ」は第３章を参照してください。

### Point　アロママッサージのメリット

- 飼い主がマッサージをすることにより、お互いのコミュニケーションがとれます。
- ペットのけがや病気の早期発見につながり、けがの痛みや病気の苦しみを緩和することができます。血行や代謝もよくなります。
- 体に触れることに慣れさせたり、人見知りや犬見知りを解消することができます。
- 精油のアロマ効果を取り入れることで、問題行動の改善やしつけ、ストレスの軽減など、より相乗効果が得られます。

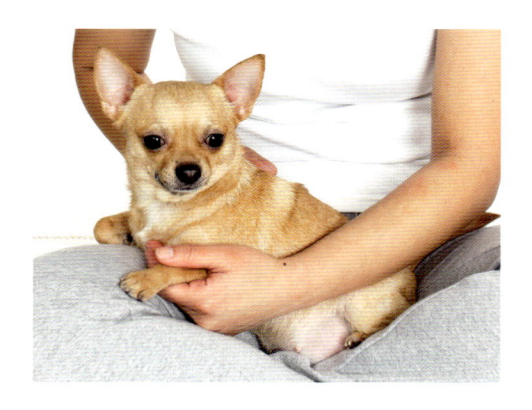

ペットにアロマテラピーを施すときは、飼い主さんも精油の濃度や時間などへの十分な配慮が必要になります。

> **Point**
> **アロマテラピーで注意すること**
>
> 　アロマテラピーを施した後、以下のような仕草が見られたら中止しましょう。
> - うろうろするなど、落ち着きがなくなる
> - くしゃみや鼻水、よだれを垂らすようになる
> - 呼吸が乱れて、興奮し始める
> - 足がもつれて歩行が困難になる

## ○ 足浴法

　足の疲れや血行をよくするのに効果的です。けがなどでシャンプーできないときなどにもお勧めです。洗面器などに少しぬるめのお湯（30〜40℃位）を足先がひたるくらいに張り、精油を数滴垂らして10分ほどつかります。大型犬の場合は前足、後足と別々に入れてください。ただし、水の嫌いなペットには不向きな方法です。

## ○ 温湿布法

　こりや疲れの部分にタオルなどを当てて温める方法です。
　洗面器などに熱めのお湯（50℃位）を張り、精油を数滴垂らしてタオルを浸して絞ります。こりや疲れの部分に当てて、上からラップなどを巻いてください。

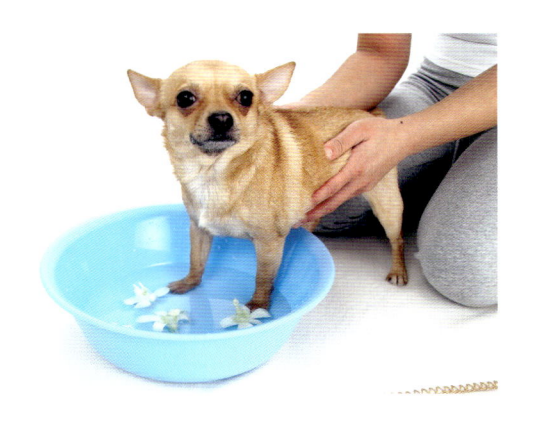

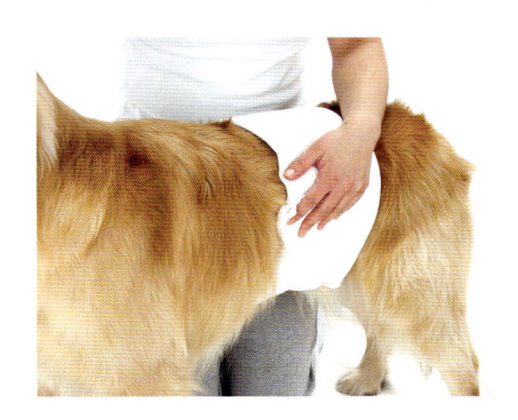

## 2-7 アロマテラピーの さまざまな利用法

アロマテラピーは時間・場所を取らず、自宅で手軽にケアのできる方法です。昨今、ペットショップの陳列棚には素敵なアロマ商品がたくさん並んでいるのを見かけますが、飼い主さんにも手軽に作ることができます。

手作りをすることでどのような材料を使っているのかも理解できますし、何よりも安心して使うことができます。ぜひ、ペットの健康管理のためにもご自身で作ってみましょう。

ここでは、ペットに取り入れるアロマ用品の作り方の代表的な例をあげてみました。

### スプレーの作り方

＜用意するもの＞
- 精製水　　：45㎖
- エタノール：5㎖
- 精油　　　：5滴ほど
- スプレー容器・ビーカー・ガラス攪拌棒

＜作り方＞
1）ビーカーに計量したエタノールと精油を入れて、よく混ぜます。
2）精製水を入れて攪拌棒でよく混ぜます。
3）スプレー容器に移して蓋をしてよく振り混ぜます。使用するたびによく振ってからスプレーします。

＊精油は好みの香りや用途、効果により選択し、ブレンドするとよいでしょう。
＊なるべく早めに使い切り、保存する場合は冷暗所に保存してください。

## 肉球クリームの作り方

### ＜用意するもの＞
- キャリアオイル：10mℓ
- ミツロウ　　　：2〜3g
- 精油　　　　　：2〜3滴
- クリーム容器・ビーカー・ウォーマーまたは鍋2個・ガスコンロ等・楊枝

### ＜作り方＞
1) 計量したミツロウとキャリアオイルをウォーマーに入れて温めながらミツロウを溶かします。または鍋に入れて湯煎にかけて溶かします。
2) ミツロウが完全に溶けたらクリーム容器に移し、粗熱がとれたら精油を加えて、楊枝でよくかき混ぜます。
3) 完全に中心まで冷ましてから蓋を閉めます。

＊精油は好みの香りや用途、効果により選択し、ブレンドするとよいでしょう。
＊なるべく早めに使い切り、保存する場合は遮光ビンに入れて冷暗所に保存してください。

## マッサージオイルの作り方

### ＜用意するもの＞
- キャリアオイル：20mℓ
- 精油　　　　　：3〜5滴
- ボトル容器・ビーカー・ガラス攪拌棒

### ＜作り方＞
1) 計量したオイルをビーカーに入れます。
2) オイルに精油を入れて攪拌棒でよく混ぜ、ボトル容器に移します。

＊精油は好みの香りや用途、効果により選択し、ブレンドするとよいでしょう。
＊なるべく早めに使い切り、保存する場合は遮光ビンに入れて冷暗所で保存してください。

### ●●● ペットのための精油の選び方 ●●●

　精油を選ぶときは、まずペットが最も好む香りを探すことです。好みの香りの探し方は、希釈した精油を手のひらに取ります。体温でゆっくりと温めてペットの鼻先より約30〜50㎝離れた位置から揮発させて様子を見ます。興味があれば近寄って鼻をヒクヒクとさせますし、嫌いなにおいならそっぽを向くでしょう。またくしゃみや鼻水が出るようなら、中止してください。次に精油の作用や効果、用途で選んであげるとよいでしょう。

● 恐怖心や不安感から興奮しているとき、気持ちを鎮めてリラックスさせてくれます
　　【イランイラン、カモミール・ローマン、クラリセージ、サンダルウッド、ベルガモット、ラベンダー】
　人見知りや犬見知りをするとき、芳香浴やアロママッサージ、スプレーをします。
● 興奮しているとき、気持ちを鎮めて精神の冷却（クールダウン）をさせてくれます
　　【スペアーミント、ペパーミント、ユーカリ】
● 緊張してびくびくしているとき、元気に明るくしてくれます
　　【オレンジ・スイート、グレープフルーツ、ネロリ、ベルガモット、ローズ】
　内気な性格の犬は散歩の前など、芳香浴やスプレーをすると効果的です。
● 飼い主さんの留守中にいたずらするなどの分離不安症のとき、ペットの好みの香りを芳香させ、気持ちを鎮静させてくれます
　　【カモミール・ローマン、ラベンダー】
　留守にする前に香りを何回も芳香させ、覚えさせます。
● 精神的な疲労を回復させてくれます
　　【ペパーミント、レモン、ローズマリー】
● お腹をこわしたとき、消化不良や胃腸障害を回復させてくれます
　　【オレンジ・スイート、カモミール・ローマン、ベルガモット、ラベンダー】
　お腹を温めるようにアロママッサージをしてあげると効果的です。
　　＊お腹をこわしたときのホリスティックマッサージは74〜75ページに掲載されています。
● 食欲不振を回復させてくれます
　　【オレンジ・スイート、グレープフルーツ、ベルガモット、マンダリン、ライム、レモン、レモングラス】
● 精神的なダメージによる下痢のとき、効果的です
　　【ラベンダー】
● 腰痛などの疲れやこりには、血行を促進して痛みを緩和させてくれます
　　【ジュニパー、ラベンダー、ローズマリー】
　血行をよくする温湿布が効果的です。
● 筋肉痛の痛みや体の疲れには、筋肉の炎症や痛みを緩和させてくれます
　　【ジュニパー、ペパーミント、ユーカリ、レモングラス、ローズマリー】
　血行促進、乳酸や老廃物を排出してくれる足浴が効果的です。

- 肉球の亀裂を保護するためには、保湿性効果のある手作りクリームをお勧めします
　【カモミール・ローマン、ゼラニウム、ラベンダー】
- 車での外出のとき、乗り物酔いや車の消臭に効果があります
　【ペパーミント、スペアーミント、レモン】
- 花粉症などによる鼻水や鼻詰まりには芳香浴やルームスプレーをお勧めします
　【ペパーミント、ユーカリ】
- お散歩のときなどの蚊やノミ、ダニ除けには、バンダナなどを利用します
　【クラリセージ、ペパーミント、レモン】（ノミ除け）
　【ゼラニウム、ラベンダー、ミルラ】（ダニ除け）
- 除菌や消臭には、スプレーが手軽に利用できます
　【ティートリー、ペパーミント、ユーカリ、レモン、レモングラス、レモンユーカリ】
- 寝つきの悪いとき、芳香浴やマッサージでの効果があります
　【イランイラン、カモミール・ローマン、サンダルウッド、ラベンダー】
- 耳掃除にも利用できます。コットンに数滴垂らして軽く拭き、浮いた汚れを取り除きます
　【カモミール・ローマン、ベルガモット、ラベンダー】
- 皮膚炎やアレルギー、かゆみ、ふけや毛づやのないときなどにシャンプー・リンス剤などに混ぜて使用します
　【ティートリー、ゼラニウム、ラベンダー、ローズマリー】
- 老犬などのぼけ防止には、細胞を活性化させて、血行を促進したり筋肉を和らげたりします
　【ジュニパー、ローズマリー】

## 2-8 精油のプロフィール

### 表の見方

**レモン** *Citrus limon*

①精油の名称
②学名
③科　　名：ミカン科
④主 産 地：アメリカ、ブラジル、イタリア、スペイン
⑤抽出部分：果皮
⑥抽出方法：圧搾法
⑦代表成分：リモネン
⑧精神的作用：リフレッシュ効果があるので、気分転換や集中力を与えてくれ、精神疲労の回復を促してくれる。眠気防止にも効果がある。
⑨体内的作用：頭痛・神経痛・リウマチ痛、関節炎などの鎮痛作用がある。胃腸を整える効果があり、消化器系に働きかける。抗菌・殺菌力に優れていて、感染症予防や空気浄化に効果がある。いらいら感を解消して、気分を明るくしてくれ、光解毒作用や消臭作用に優れていて、防虫効果もある。
⑩動物の効果：抗菌・殺菌作用や消臭作用にも優れていて、防虫効果もある。
⑪注 意 点：光毒性があるので紫外線に注意する。有機栽培のレモンを使用した精油が好ましい。

### 各項目（①〜⑪）の説明

①精油の名称：一般的に使われている呼称
②学名：植物学上の分類名。ラテン語で表示し、世界共通認識呼称。同名でも種が異なる場合、学名で認識できる
③科名：植物学上の分類呼称。植物の薬理作用は科により分類できる
④主産地：産地により土壌や気候の違いで含有成分が異なることもあり、良質な精油を選択する目安になる
⑤抽出部分：抽出部分により精油の作用が異なるので、抽出部分で認識することができる
⑥抽出方法：精油を抽出する方法で、良質な精油を選択する目安になる
⑦代表成分：含有率の高い、代表的な成分
⑧精神的作用：精油の作用や効果
⑨体内的作用：〃
⑩動物の効果：ペットへの作用や効果
⑪注意点：飼い主やペットが使用するうえでの注意事項

---

### オレンジ・スイート *Citrus sinensis*

科　　名：ミカン科
主 産 地：アメリカ、ブラジル、イタリア、スペイン
抽出部分：果皮
抽出方法：圧搾法
代表成分：リモネン
精神的作用：リラックス効果がある。気分を明るくして、穏やかにしてくれる。
体内的作用：ストレスからの食欲不振や消化器系の整調に効果があり、便秘等も改善してくれる。
動物の効果：気分を明るく、元気にしてくれる。消化器系にも作用。特に内気な性格に効果がある。
注 意 点：光毒性を示す場合があるので、使用後紫外線に注意する。

---

### イランイラン *Cananga odorata*

科　　名：バンレイシ科
主 産 地：マダガスカル、フィリピン、インドネシア
抽出部分：花
抽出方法：水蒸気蒸留法
代表成分：αファルネセン、酢酸ベンジル
精神的作用：神経の緊張を緩和し、リラックスさせてくれる。心を開放して喜びを与えてくれる。
体内的作用：中枢神経に働きかけ、血圧や脈拍を下げたり、ホルモン調整から月経前の緊張を緩和してくれる。
動物の効果：比較的動物が好む香り。緊張を緩和して、ストレスを軽減してくれる。
注 意 点：香りが強く濃厚なため、過度の使用は、吐き気・頭痛への注意が必要。

---

### クラリセージ *Salvia sclarea*

科　　名：シソ科
主 産 地：フランス、イタリア、ロシア
抽出部分：花・葉
抽出方法：水蒸気蒸留法
代表成分：酢酸リナリル、リナロール
精神的作用：神経に強い鎮静効果がある。気分を明るくして、不安感を緩和してくれる。
体内的作用：ホルモンバランスを整えて、月経前緊張症・更年期障害等にも効果がある。
動物の効果：緊張を緩める効果があり、不安感を取り除いてくれる。
注 意 点：高濃度の使用に注意する。使用後は車の運転は避ける。

## カモミール・ローマン　*Anthemis nobilis*

- 科　　　名：キク科
- 主 産 地：ドイツ、フランス、イギリス、エジプト
- 抽 出 部 分：花
- 抽 出 方 法：水蒸気蒸留法
- 代 表 成 分：アズレン
- 精神的作用：リンゴのような香りがして、心を穏やかにし、緊張を緩和してくれる。不安・緊張・怒り・恐怖心などの鎮静作用がある。
- 体内的作用：不眠症、月経前緊張症、鎮痛作用（頭・歯・腹・胃炎・解熱）等の効果がある。
- 動物の効果：不安を和らげたり、お腹の調子が悪いとき、胃腸を整えてくれる。
- 注 意 点：妊娠初期は使用を避ける。

## サンダルウッド　*Santalum album*

- 科　　　名：ビャクダン科
- 主 産 地：インド、インドネシア
- 抽 出 部 分：心材
- 抽 出 方 法：水蒸気蒸留法
- 代 表 成 分：サンタロール
- 精神的作用：別名は「白檀」、古くは宗教儀式や瞑想時の薫香に使われていた。エキゾチックな香りで深いリラックス感が得られ、緊張や不安を緩和してくれる。
- 体内的作用：抗炎症作用があり、呼吸器系に働きかけて、のどの痛みを緩和してくれる。抗菌・殺菌作用もある。
- 動物の効果：甘い香りで比較的好まれる。不安を取り除いて落ち着かせてくれる。

## ジュニパー　*Juniperus communis*

- 科　　　名：ヒノキ科
- 主 産 地：カナダ、アラスカ、北半球温帯地帯
- 抽 出 部 分：果実
- 抽 出 方 法：水蒸気蒸留法
- 代 表 成 分：テルピネオール
- 精神的作用：お酒のジンの香り付けになる。元気にしてくれる。精神を目覚めさせたり、やる気を起こしてくれる。
- 体内的作用：利尿作用・発汗作用があり、老廃物を体外に排出してくれる。むくみを取り除いたり、筋肉痛や関節痛等の鎮痛作用がある。
- 動物の効果：足浴や温湿布に効果があり、疲労を回復してくれる。
- 注 意 点：腎臓障害のある人や妊娠中の人は使用を避ける。

## グレープフルーツ　*Citrus paradisi*

- 科　　　名：ミカン科
- 主 産 地：アメリカ、ブラジル、イスラエル
- 抽 出 部 分：果皮
- 抽 出 方 法：圧搾法
- 代 表 成 分：リモネン
- 精神的作用：気分を開放して、安定させてくれる。脱力感や無気力感に対して活力を取り戻してくれる。
- 体内的作用：リンパ系を刺激し、体内水分の停滞を解消したり、老廃物を排出したりする。交感神経を活発にして脂肪（セルライト）を分解してくれる。消化器系に働きかけてくれる。
- 動物の効果：気分を明るく、元気にしてくれる。食欲がないときにも効果がある。
- 注 意 点：光毒性を示す場合があるので、使用後紫外線に注意する。

## ゼラニウム *Pelargonium graveolens*

科　　　名：フウロソウ科
主 産 地：インド諸島、エジプト、中国、フランス、イタリア、スペイン
抽 出 部 分：葉・花・茎
抽 出 方 法：水蒸気蒸留法
代 表 成 分：シトロネロール
精神的作用：心身のバランスを整えて、神経の緊張を緩和してくれる。軽度のうつ症状や不安症状に働きかける。
体内的作用：ホルモン分泌の調整作用があり、更年期障害や月経前緊張症を和らげる効果がある。むくみ（体内水分の停滞）や利尿作用がある。
動物の効果：昆虫忌避剤として利用できる。
注 意 点：妊娠中は使用を避ける。

## ティートリー *Melaleuca alternifolia*

科　　　名：フトモモ科
主 産 地：オーストラリア
抽 出 部 分：葉
抽 出 方 法：水蒸気蒸留法
代 表 成 分：テルピネン-4-オール
精神的作用：精神のリフレッシュ効果があり、頭の働きをよくしたり、記憶力や集中力を高めてくれる。
体内的作用：古くからアボリジニの人々が傷薬として利用し、殺菌力・抗菌力に優れている。感染症予防やのどの痛みを和らげてくれる。
動物の効果：抗菌・消臭作用があり、耳掃除やシャンプー剤として利用されている。アレルギーによる皮膚炎や痒みを止めてくれる。
注 意 点：高濃度で使用すると、皮膚刺激で炎症を引き起こすこともある。

## ペパーミント *Mentha piperita*

科　　　名：シソ科
主 産 地：アメリカ、オーストラリア、イギリス、イタリア、中国
抽 出 部 分：葉・茎
抽 出 方 法：水蒸気蒸留法
代 表 成 分：メントール
精神的作用：清涼感のある香りで、精神的疲労や眠気を取り除いてくれる。心を冷静にしてくれる。
体内的作用：消化不良・胸やけ・吐き気・乗り物酔い・時差ぼけなどに効果がある。頭痛・歯痛・胃痛や花粉症の鼻づまりなどにも効果がある。
動物の効果：攻撃的な行動を抑える。老犬等の消臭効果や忌避効果、乗り物酔い等にも効果がある。
注 意 点：濃度が高すぎると逆に興奮状態や皮膚炎症を起こしたりする。てんかん症や妊娠中及び授乳中は使用を避ける。

## ユーカリ *Eucalyptus globules*

科　　　名：フトモモ科
主 産 地：オーストラリア、タスマニア、スペイン、ブラジル、中国
抽 出 部 分：葉
抽 出 方 法：水蒸気蒸留法
代 表 成 分：1,8-シネオール
精神的作用：情緒を安定させ、頭をすっきりさせて、記憶力や集中力を高めてくれる。
体内的作用：抗菌・殺菌・抗ウイルス・炎症作用に優れた効果があり、花粉症・のど痛・せき止め・筋肉痛・リウマチ痛などの鎮痛作用がある。
動物の効果：ケンネルコフなどの気管支炎に効果がある。
注 意 点：てんかん症や高血圧症、ぜんそくの人は使用を避ける。

## ラベンダー *Lavandula officinalis*

- 科　　　名：シソ科
- 主 産 地：南フランス、イギリス、イタリア、オーストラリア、日本（富良野）
- 抽 出 部 分：花・葉・茎
- 抽 出 方 法：水蒸気蒸留法
- 代 表 成 分：酢酸リナリル、リナロール
- 精神的作用：心身ともに鎮静作用がある。リラックス感や心因性の不眠症に効果がある。
- 体内的作用：皮膚炎・痒み・しもやけ・火傷の痛みなどに効果がある。鎮静・抗菌・消臭作用もある。
- 動物の効果：気持ちを落ち着かせて、緊張をほぐしたり痛みを和らげたりする鎮静作用や、抗菌・消臭・忌避効果がある。
- 注 意 点：使用後は車の運転は避ける。妊娠初期は使用を避ける。

## レモン *Citrus limon*

- 科　　　名：ミカン科
- 主 産 地：アメリカ、ブラジル、イタリア、スペイン
- 抽 出 部 分：果皮
- 抽 出 方 法：圧搾法
- 代 表 成 分：リモネン
- 精神的作用：リフレッシュ効果があるので、気分転換や集中力を与えてくれ、精神疲労の回復を促してくれる。眠気防止にも効果がある。
- 体内的作用：頭痛・神経痛・リウマチ痛・関節炎などの鎮痛作用がある。胃腸を整える効果があり、消化器系に働きかける。抗菌・殺菌力に優れていて、感染症予防や空気浄化に効果がある。
- 動物の効果：いらいら感を解消して、気分を明るくしてくれる。抗菌・殺菌作用や消臭作用に優れていて、忌避効果もある。
- 注 意 点：光毒性があるので紫外線に注意する。有機栽培のレモンを使用した精油が好ましい。

## レモングラス *Cymbopogon citratus*

- 科　　　名：イネ科
- 主 産 地：インド、スリランカ、ブラジル、西インド諸島
- 抽 出 部 分：葉・茎
- 抽 出 方 法：水蒸気蒸留法
- 代 表 成 分：ゲラニアール、ネラール
- 精神的作用：強い鎮静作用があり、精神疲労の回復を高めてくれる。
- 体内的作用：食欲増進の効果があり、消化器系に働きかける。乳酸菌を取り除き、筋肉痛防止に効果がある。強い殺菌作用をもっている。
- 動物の効果：元気な気分にしてくれたり、筋肉の炎症を鎮める効果がある。蚊・ノミ・ダニなどの忌避効果がある。
- 注 意 点：皮膚刺激が強いので、少量で使用する。

## ローズマリー *Rosmarinus officinalis*

- 科　　　名：シソ科
- 主 産 地：フランス、スペイン、イタリア
- 抽 出 部 分：花・葉
- 抽 出 方 法：水蒸気蒸留法
- 代 表 成 分：1,8-シネオール、カンファー
- 精神的作用：脳細胞を活発にし、精神疲労の回復や頭をすっきりとさせて、集中力や記憶力を高めてくれる。ぼけ防止にも役立つ。
- 体内的作用：組織細胞を活発にするので、髪や肌を若返らせ、スキンケアに効果がある。血行促進、老廃物の排出、組織の抗酸化作用や筋肉痛・関節痛・痛風・リウマチ痛などの緩和に効果がある。
- 動物の効果：認知症や被毛の手入れに効果がある。
- 注 意 点：妊娠初期やてんかん症、高血圧症の人は使用を避ける。

### ●●● 基材について ●●●

　アロマテラピーに取り入れる方法のひとつとしてマッサージがあります。マッサージは心身ともに働きかけ、とても効果が得られます。

　精油は原液のまま使用すると濃度が高すぎ、場合によっては皮膚炎症や痒みを起こすこともあります。必ず希釈して使用してください。

　希釈する材料を「基材」と呼びますが、各々特徴がありますので、使用目的や肌質などに合わせて選択することが大切になります。

#### キャリアオイル（ベースオイル）

　キャリアには、精油を「薄める」という意味と成分を「運ぶ」という意味があり、キャリアオイルまたはベースオイルと呼ばれています。一般の食用油には酸化防止剤などの添加物が含有されていますので、キャリアオイルとして使用することは好ましくありません。

　精油は脂溶性の性質をもっていますので、オイルとなじみやすく肌への浸透性もよくなります。キャリアオイルは酸化しやすいので、高温多湿を避けて、遮光ビンで保存してください。

　特に犬は皮膚が人間よりも薄くとてもデリケートですし、飼い主さんも直接手のひらに付着させるので、新鮮で刺激の少ない天然成分の植物オイルをお勧めします。比較的低刺激で使いやすいオイルはグレープシード、スイートアーモンド、ホホバ油などで、値段も安価で手頃といえます。

**ミツロウ**：ミツバチが防水性の巣を作るときに分泌するワックスです。数百種の成分をもち、脂肪酸・ビタミンＡ・プロポリス・花粉などを多く含有しています。古代よりキャンドルやエジプトではミイラ作りの保存剤に使われていました。
　現在では、ファンデーション、口紅、印刷剤、クレヨン、さまざまなワックス類、クリーム類など、多様に利用されています。
　ミツロウの利点は皮膚刺激がなく、安全性が高いことです。古くなっても悪臭がありません。

**エタノール**：水分を含まないアルコール消毒剤で精油の溶解に使ったり、道具を洗浄するときなどに使用します。

**精製水**：塩素やミネラル分を取り除いた純度の高い水で、精油を希釈するときなどに使用します。

**グリセリン**：油脂から採取される無色の液体で保湿性をもっています。

**ハチミツ**：精油を溶解したり、肌への鎮静作用や保湿作用があります。

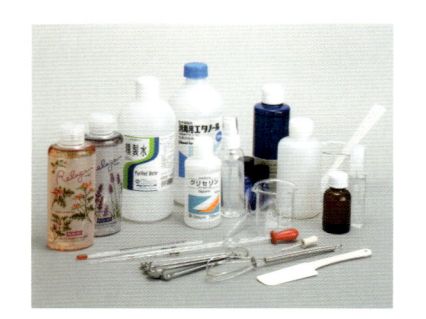

## グレープシードオイル

| 原料 ● グレープシード | |
|---|---|
| 学　　名 | *Vitis vinifera* |
| 科　　名 | ブドウ科 |
| 主 産 国 | フランス、イタリア、スペイン |
| 抽 出 部 分 | 種子 |
| 採 油 法 | 圧搾法、冷搾法 |

**特　　徴**

　ワイン醸造時、ブドウの種子から採取したオイルで、リノール酸やポリフェノール、ビタミンB・Eなどの成分を含有します。色は淡い黄色でわずかなにおいがあります。軽くさらっとした使用感で、肌への刺激が少なく、敏感肌や脂性肌の方にお勧めします。

## スイートアーモンドオイル

| 原料 ● スイートアーモンド | |
|---|---|
| 学　　名 | *Prunus amygdalus* |
| 科　　名 | バラ科 |
| 主 産 国 | カリフォルニア、地中海沿岸 |
| 抽 出 部 分 | 種子 |
| 採 油 法 | 圧搾法、冷搾法 |

**特　　徴**

　アーモンドの種子から採取したオイルで、たんぱく質やビタミンD・Eなどを多く含有します。色は淡い黄色でほとんど香りはありません。やや粘性感はありますが、万能肌タイプでどのような肌質にも合います。

## ホホバ油

| 原料 ● ホホバ | |
|---|---|
| 学　　名 | *Simmondsia chinensis* |
| 科　　名 | ツゲ科 |
| 主 産 地 | 砂漠、乾燥地帯 |
| 抽 出 部 分 | 種子 |
| 採 油 法 | 圧搾法、冷搾法 |

**特　　徴**

　ホホバの種子から採れる液体ワックスで、無色・無臭で酸化しにくいのが特徴です。人間の皮脂に似た成分をもっているので、肌への浸透性に優れていてべたつきません。皮膚刺激が低く、安全性が高いので化粧品に使用されています。どのような肌質にも合い、デリケートな犬などにも安心して使えて被毛も保護するので毛づやもよくなります。

その他のオイル：アボカド、オリーブ、カレンデュラ、マカデミアナッツ、ローズヒップ、キャロット、ココナッツ、セサミなど

# 2-9 アロマテラピーの禁忌事項

### ●●● 精油の取り入れ方の注意点 ●●●

**原液を直接皮膚に付着させないようにし、付着したら直ぐ手を洗って下さい**

- 人間の場合は＜１％＞の希釈率が基本になりますが、ペットの場合はさらに希釈率を高めることをお勧めします。
- 初めて使用するときはパッチテストを行ってください。キャリアオイルなどで希釈した精油を10円玉位の大きさで、人間の場合は二の腕に付着させ、12～24時間以上そのままにして様子を見ます。ペットは耳の内側や内股などに付着させ、24～48時間以上そのままにして様子を見ます。すぐ反応する場合と１日ほど経ってから反応する場合もあるので、十分に様子を見ることが必要です。

**飲料は避けてください**

- 誤飲した場合、口の中に精油が残っている場合は水で口をよくすすぎ、飲み込んでしまった場合は吐かせず、直ぐに医師に相談してください。

**目の中に入らないよう注意してください**

- 目の周辺は非常にデリケートなので付着しないよう気をつけてください。
- 誤って入ってしまった場合（水蒸気でも同様）はよく水で洗い流し、医師に相談してください。

**引火性がありますので、火気周辺での使用には注意してください**

- 芳香拡散器の電気コードはペットのいたずらの対象になりますので隠しておきます。ポットなどは倒してしまうので、遠く離れた場所に置いてください。

**長時間の使用は避けてください**

- つづけて使用する場合は空焚きに注意して必ず差し水を行い、換気を十分に行ってください。

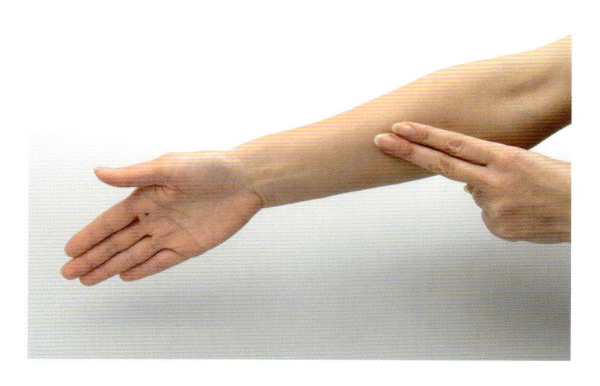

### 🔖 光毒性に注意してください

- 柑橘系の精油には「ベルガプテン」（5-メトキシソラーレン）成分を含有しているものもあり、紫外線と反応すると皮膚炎症や色素沈着を引き起こすことがあります。
柑橘類【ベルガモット、レモン、ライム、グレープフルーツ、ビターオレンジ、アンジェリカなど】
- 光毒成分を取り除いた「ベルガプテン・フリー」の表示がある精油の場合には、安心して使用できます。

### 🔖 妊娠中は使用に注意してください

- 特にペットは人間より体が小さいため、より影響を受けやすくなります。
- 精油のなかには「通経作用」があるものもあり、流産に気をつけてください。
妊娠初期・妊娠中・授乳中など、精油により作用が異なります。
【ラベンダー、ゼラニウム、ローズマリー、クラリセージ、ジュニパー、セージ、クローブ、タイム、バジル、ペパーミント】

### 🔖 病気療養中及び既往歴による禁忌

- 疾患により、医師の治療を受けている場合や投薬中は避けてください。
（てんかん・ぜんそく・高血圧・糖尿病・肝臓病・腎臓病など）

### 🔖 生後8週齢未満のペットへの使用は避けてください

- 6ヵ月未満の犬へのマッサージ、小動物や鳥へのマッサージ、猫のマッサージは毛づくろいをするとき舐めてしまうのでお勧めできません。
- ペットには強制しないようにして、必ずパッチテストを行い、よく反応を見てから施すようにしてください。

### 🔖 3歳未満の乳幼児には芳香浴以外は避けてください

- 高年齢者・敏感な体質の方といっしょに使用する場合も、濃度や使用時間に注意してください。

---

> **Point　精油の保存上の注意点**
> - 高温多湿を避け、冷暗所に保存してください。
> - 精油製品は直射日光を避けて、遮光ビンで保存してください。
> - 酸化防止のため、ボトルの蓋は開けたらすぐ閉めるようにしてください。
> - 使用後は蓋をきちんと閉めて下さい。劣化の原因になります。
> - 使用期限に注意してください。
>   * 開封後は一年以内に使い切るようにします。
>   * 柑橘系は特に劣化が激しいため、半年以内に使い切るようにしてください。
> - 低級品や劣化した精油の使用は赤み、発疹、痒みなどの皮膚炎症の原因になります。

第 3 章

# ペットの
# ホリスティックマッサージ

福島美紀

# 3-1 ホリスティックマッサージ

ホリスティックマッサージは、身体と心に焦点をおき、両方をバランスよく整えていくために行います。最近は動物も私たち同様、ストレスを抱えていることが多く、身体だけでなく心にも「こり」をもっています。筋肉をマッサージして血行を良くしたり、体の歪みを整えるだけではなく、飼い主である私たちの「愛情エネルギー」と動物たちのエネルギーを交換しあい、身体と心を癒し、癒されていくのが、このホリスティックマッサージです。

今回は基礎なので、自宅で簡単にできて、なおかつパートナーによろこんでもらえるマッサージの方法をお教えします。部分ごとに説明していきますので分かりやすいと思います。

まずはパートナーと心地よい空間でリラックスして始めましょう!!

## マッサージのメリットと効果

**幼犬へのメリットと効果**
- 身体に触られることに慣れる(手足や口の中を嫌がらずに触れさせるようになる)
- コミュニケーションがとれる
- 病気に強い身体になる
- 食欲のむらがなくなる(子犬のときによくあるごはんを食べない…ということが減る)
- しつけなどのトレーニングなどが受け入れやすくなる
- 人見知りや犬見知りがなくなる

**老犬へのメリットと効果**
- 体温を上げる
- 硬い筋肉を和らげる
- 血流の流れがよくなる
- 排便・排尿の手助けになる

**健康的な子へのメリットと効果**
- リラックス効果
- ダイエット効果
- 毛艶がよくなる
- 病気の早期発見
- 免疫力を上げる(年間を通して体調が安定する)
- 老化防止
- スキンシップがとれる
- 筋肉の強化
- お腹の調子を整える
- 便秘のときの便が出やすくなる
- 睡眠に入りやすくなる
- けがをしにくくなる(スポーツなどをする場合にはその前にマッサージをすることがおすすめ)
- 骨折後などの筋肉リハビリに効く
- 問題行動の改善

## マッサージ前の準備

①爪は切っておきましょう
目や鼻を傷つけてしまう場合があります。

②マッサージを始める前に手を温めましょう
冷たい手でいきなり触ると、筋肉が収縮してリラックスできません(特に冬場は手の温度に気をつけてください)。

③香水などは避けましょう
動物にとっていい香りとは限りません。濃い香りは特に気をつけてください。

④指輪やブレスレットは外しましょう
万が一、目などを傷つけてしまっては大変です。

⑤リラックスした服装にしましょう
パートナーにリラックスしてもらうためには、まず私たちがリラックスします。

## 動物の体を知りましょう

マッサージは主に筋肉に働きかける効果があります。犬の身体にある筋肉を知り、筋肉を傷つけないようにマッサージをしていきましょう。

### 犬の骨格

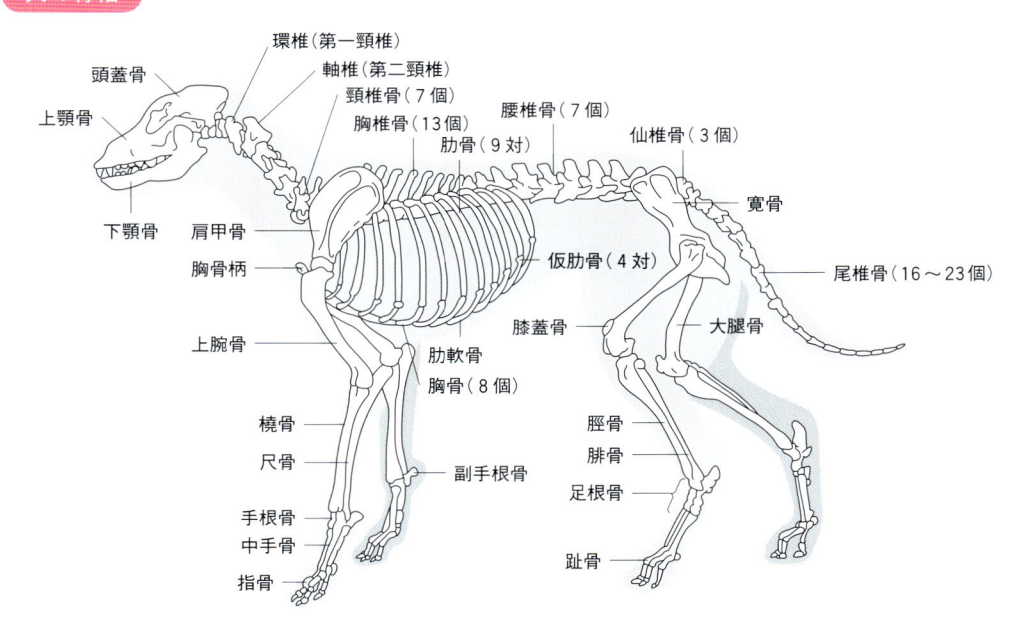

- 頭蓋骨
- 上顎骨
- 下顎骨
- 環椎（第一頸椎）
- 軸椎（第二頸椎）
- 頸椎骨（7個）
- 胸椎骨（13個）
- 肋骨（9対）
- 腰椎骨（7個）
- 仙椎骨（3個）
- 寛骨
- 尾椎骨（16〜23個）
- 肩甲骨
- 胸骨柄
- 上腕骨
- 仮肋骨（4対）
- 肋軟骨
- 胸骨（8個）
- 膝蓋骨
- 大腿骨
- 橈骨
- 尺骨
- 副手根骨
- 脛骨
- 腓骨
- 足根骨
- 手根骨
- 中手骨
- 指骨
- 趾骨

### 犬の筋肉

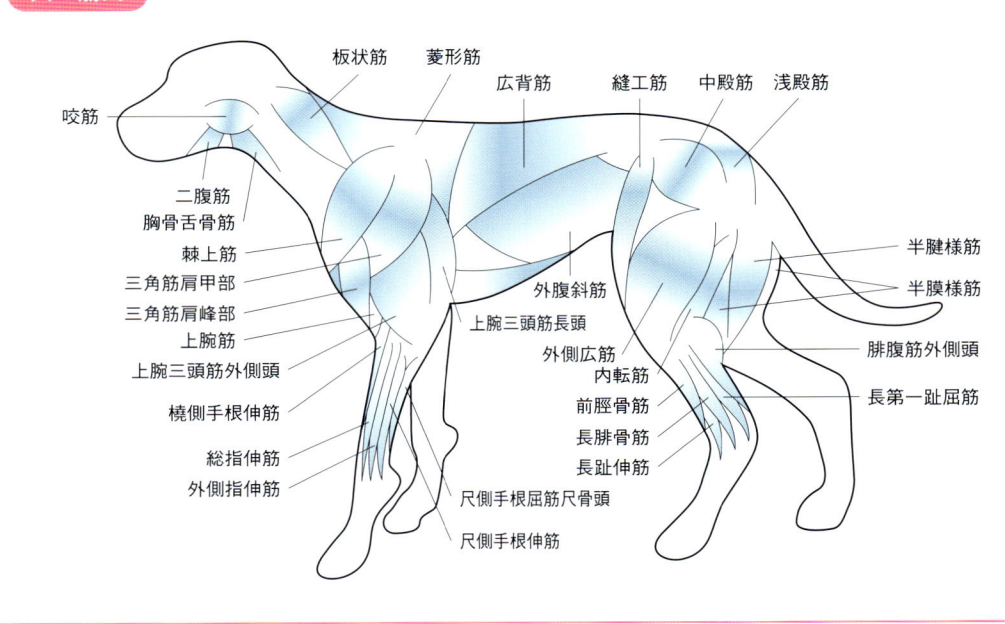

- 咬筋
- 板状筋
- 菱形筋
- 広背筋
- 縫工筋
- 中殿筋
- 浅殿筋
- 二腹筋
- 胸骨舌骨筋
- 棘上筋
- 三角筋肩甲部
- 三角筋肩峰部
- 上腕筋
- 上腕三頭筋外側頭
- 橈側手根伸筋
- 総指伸筋
- 外側指伸筋
- 外腹斜筋
- 上腕三頭筋長頭
- 外側広筋
- 内転筋
- 前脛骨筋
- 長腓骨筋
- 長趾伸筋
- 尺側手根屈筋尺骨頭
- 尺側手根伸筋
- 半腱様筋
- 半膜様筋
- 腓腹筋外側頭
- 長第一趾屈筋

第3章　ペットのホリスティックマッサージ

## 3-2 マッサージテクニック

　マッサージのテクニックは筋肉をもみほぐしたり、血行を良くするために必要な手法です。
　筋肉を傷つけないように体のこりを取ったり、ストレスを解消するためにこの手法を使い、よりパートナーとの関係を心地よいものにしてください。
　しかし、テクニックだけにこだわりすぎないように気をつけましょう。何より大切なのはパートナーとの心のつながりです。

### もむ

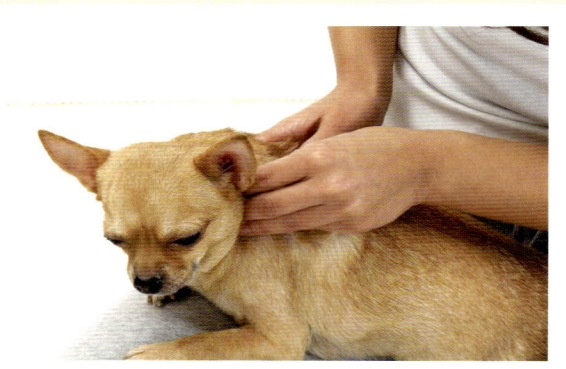

　もむことは循環を良くし、酸素を与え、組織から毒素を取り除くポンプ効果があります。
　簡単ですがやさしくゆっくりもむことで、ストレスポイントを感じとれるようになります。

### 引っぱる

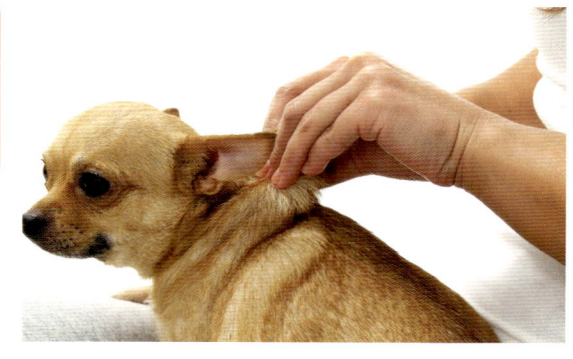

　スキンローリングといって皮膚の血液循環を保ち、健康で美しい被毛を維持し、皮膚の弾力性を維持します。
　皮膚を持ち上げて、くるくると巻き上げるようにマッサージをしていきます。

### 押す・押し回す

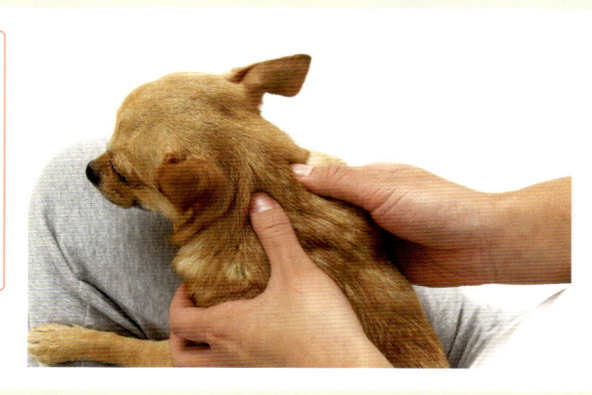

　親指または親指以外の4本指で円を描くように皮膚を回していきます。
　そしてゆっくり、少しずつ力を加えていきます。
　ツボの部分を押すときにも、この手法は効果的です。

| 撫でる |

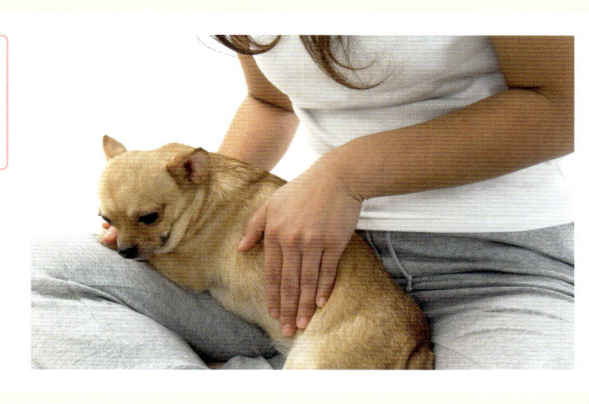

体液の流れを良くするマッサージです。マッサージをするときにはよく使われます。

マッサージを始める前、手法を変えるときに行い、マッサージの最後にも使います。

撫でるときは手のひらをすべらせるようにします。片手ずつまたは両手で行ってもかまいません。

| ふるわす・ゆらす |

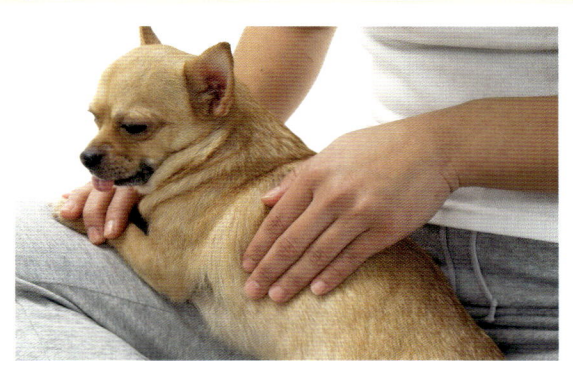

主に表層組織から下の筋肉、あるいは関節のより深い組織をマッサージするときに使います。

鎮静効果もあり、毎日実行すればより効果的です。

このふるわすマッサージは炎症性のリウマチや関節炎にも効果的です。

| たたく |

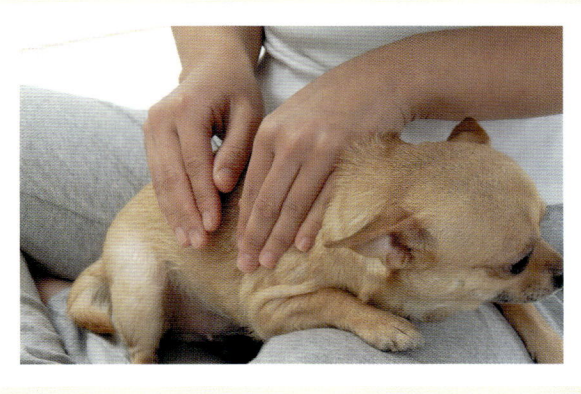

リズミカルに体を軽くたたいていきます。手は交互に使って軽快に行います。

これだけを行うときは、運動前の筋肉をウォーミングアップさせるのにとても効果があります。

しかし犬は、この「たたく」という手法に慣れるまでに少し時間がかかることがあります。

| 手をあてる |

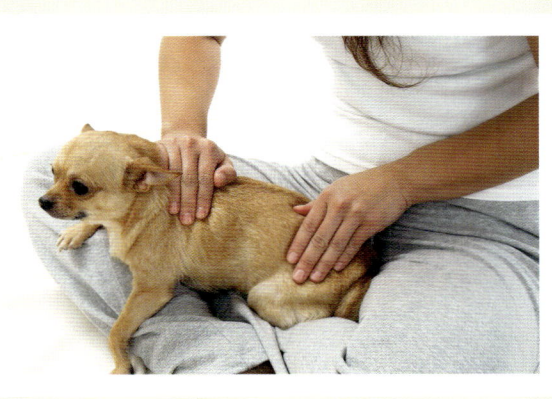

基本的にこの手法は、マッサージができないくらい落ち着かないときや通常のマッサージができないときに使います。また、傷口・炎症・ストレスのある場合にも使います。

手をそっと首のうしろと腰の上に置き、注意深くエネルギーと温かさを感じとりましょう。

この「手をあてる」という手法には動物をなぐさめ、回復を促すという効果があります。

## 3-3 各部位のマッサージ

### 頭部のマッサージ

**1**

まず、両手の親指をそろえて頭の上に置きます。このとき、強く押さえつけないように注意しましょう。
特にチワワちゃんなどには水頭症があるので気をつけましょう。

**2**

両親指を中心からやさしく広げるようにマッサージをしていきます。
強く押しすぎてしまわないように注意しましょう。

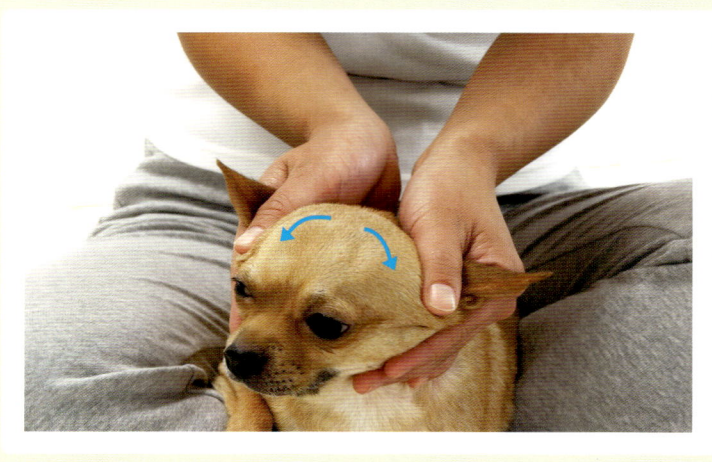

**3**

頭がぐらぐらと動いてしまわないように、しっかりと両手で支えてあげましょう。
小型犬の場合、支えている手で首をしめてしまわないように気をつけましょう。

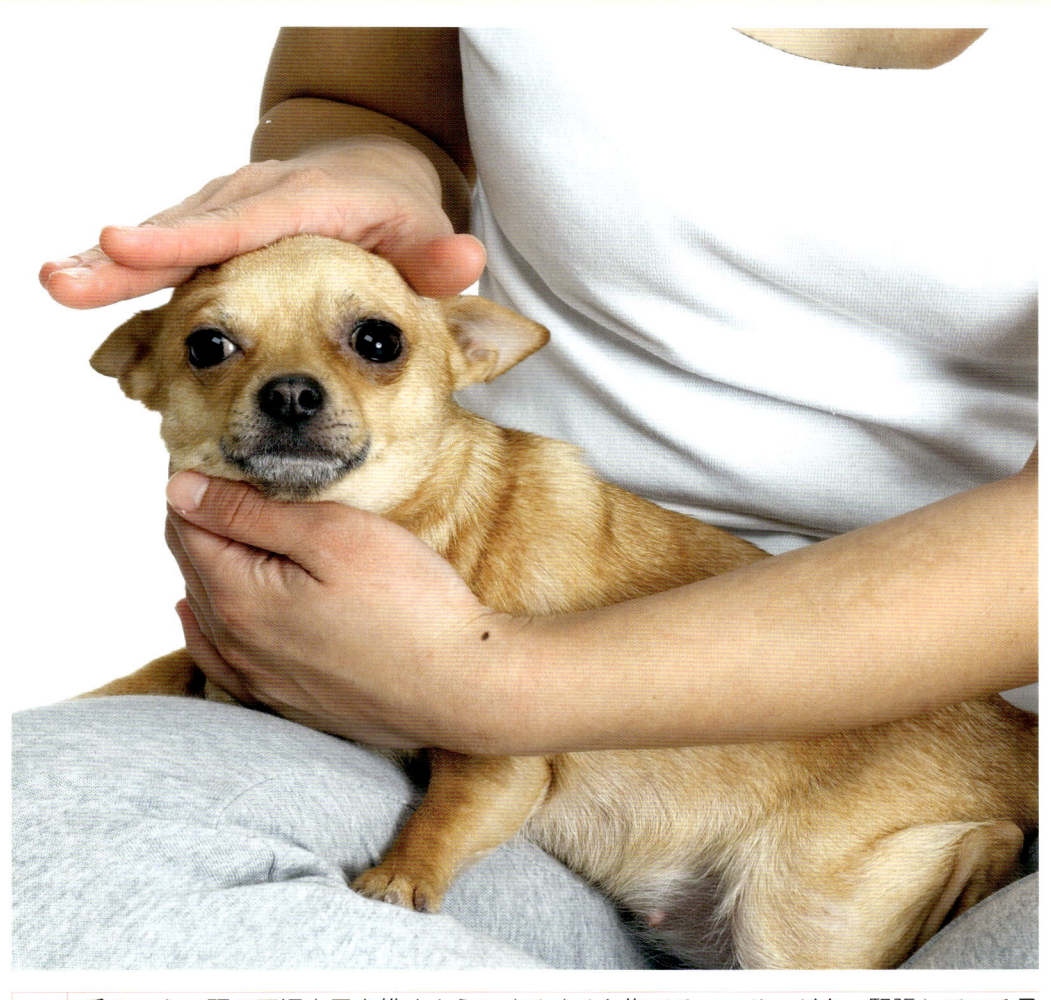

|4| 手のひらで頭の天辺を円を描くようにくるくると撫でるマッサージも、緊張している子にはとても効果的です。

### Point

興奮しているときや緊張しているときには、頭の天辺にあるツボをゆっくりと押し回しながらマッサージをしてあげると、気持ちが落ち着きます。
また、レスキューを4滴飲ませたり手にレスキュークリームを塗ってからマッサージをすると、より効果的です。

## 耳のマッサージ

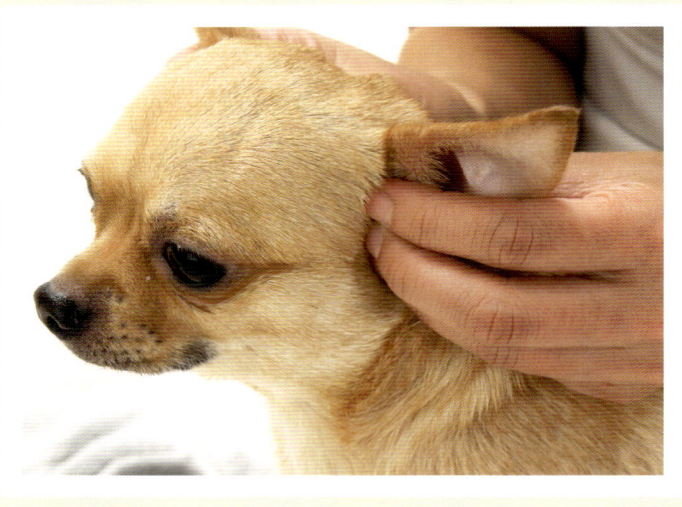

**1**

耳の付け根に指を置き、人差し指・中指・薬指の順に指を置いていきます。
そっと触ると、指を置いている部分にぽっこりとした穴を確認することができるので、ゆっくりと見つけていきましょう。

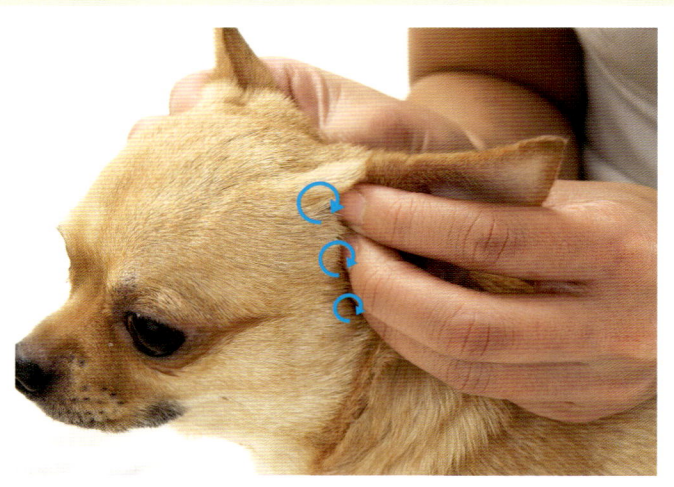

**2**

そして、やさしく円を描くようにくるくると押しマッサージをしていきます。
外耳炎や内耳炎などの炎症がある場合は、痛みが出たり、炎症がひどくなることもあるので、この部分のマッサージはやめておきましょう。

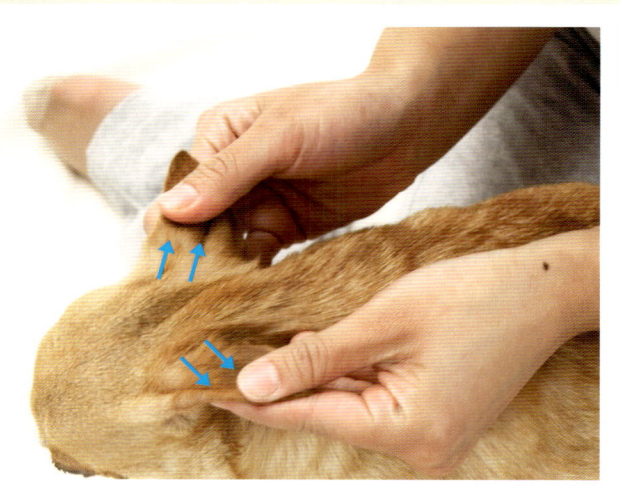

**3**

次に、耳全体を広げるようにマッサージをします。
小型犬は片手で広げていけますが、大型犬は両手を使って広げてマッサージをしていきましょう。

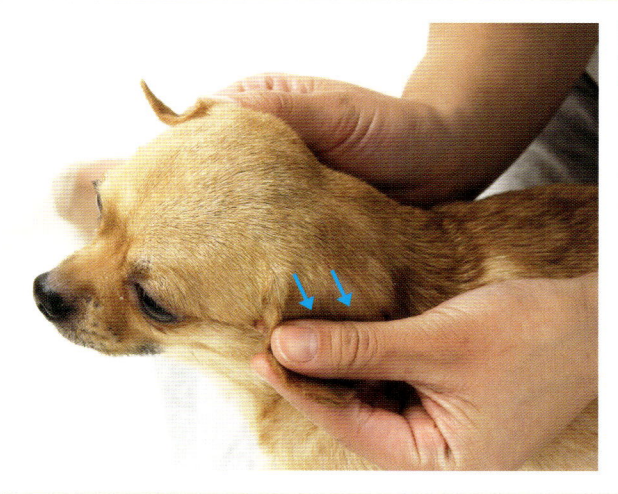

## 4

耳の周りから先端までこまめにマッサージをしていきます。
老犬などは耳の先まで血行が悪くなるので、特に7歳を過ぎたあたりから、意識しながらマッサージをしてあげましょう。

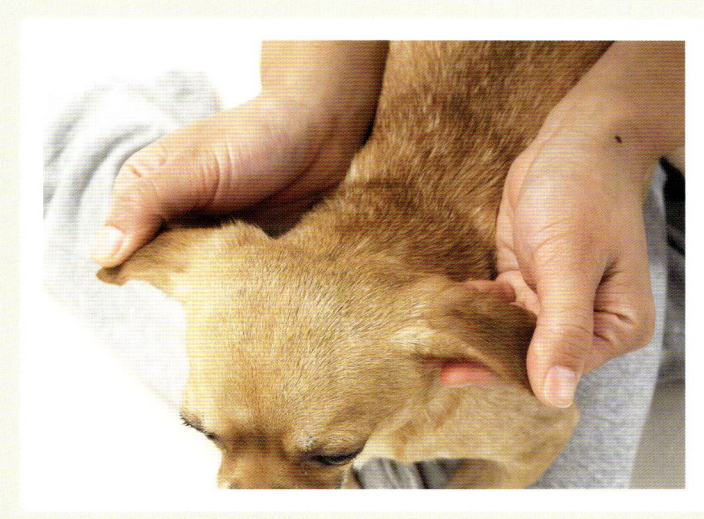

## 5

最後に、耳の先端を軽く押し、やさしく耳を引っ張ります。

**Point**

　耳のマッサージは外耳炎や内耳炎などの耳の病気に効果のあるマッサージなので、耳の垂れている犬種や耳の弱い犬種（シーズー、マルチーズ、ゴールデン、パグなど）には夏前（5月ごろ）からマッサージをこまめにしてあげると、耳の病気の予防になります。

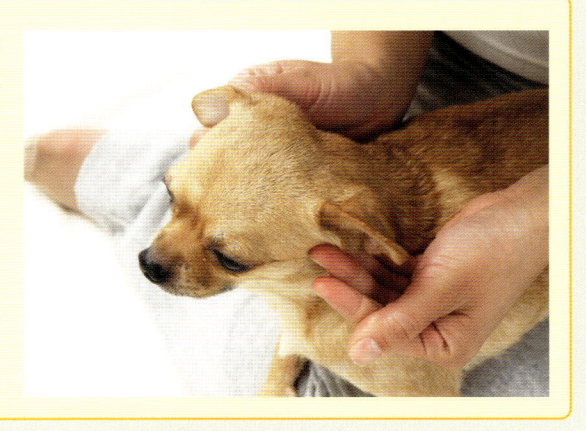

## 目の周りのマッサージ

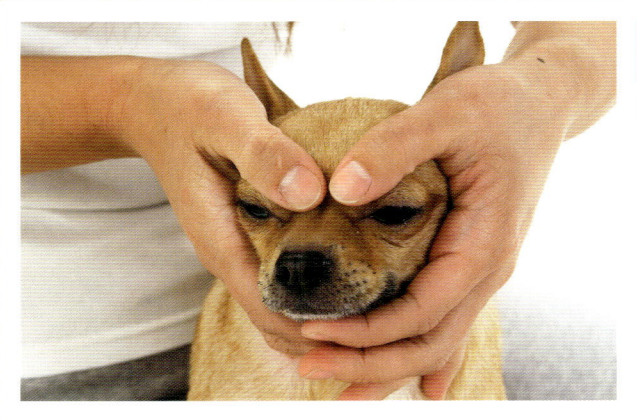

**1**
親指または人差し指で、目頭（めがしら）の上部からマッサージをしていきます。

**2**
目の周りをやさしく撫でるようにマッサージをしていきます。
このとき目を押しすぎてしまわないように気をつけましょう。

**3**
そして、下の方からも目に傷をつけないようにマッサージをしていきます。

> **Point**
> 　目の周りは特に傷をつけないように気をつけてください。
> 　爪は必ず切っておきましょう。
>
> 　涙が多く出る子は目頭を軽く押しマッサージしながら、上記のマッサージをしてあげると涙管の通りがよくなります。

## 鼻の周りのマッサージ

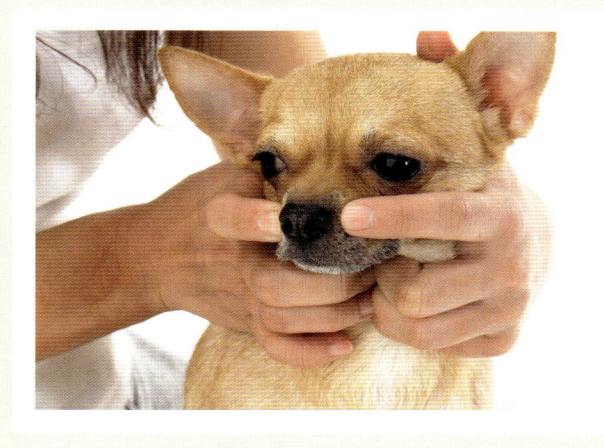

**1**

鼻の両脇を軽く押しマッサージをしながら刺激してあげると、鼻のつまりの改善につながります。
鼻の周りは犬種によって異なりますが、特に鼻が短い犬種（パグ、シーズー、ブルドッグ、フレンチ・ブルドッグなど）は、鼻がつまりやすいのでおすすめです。

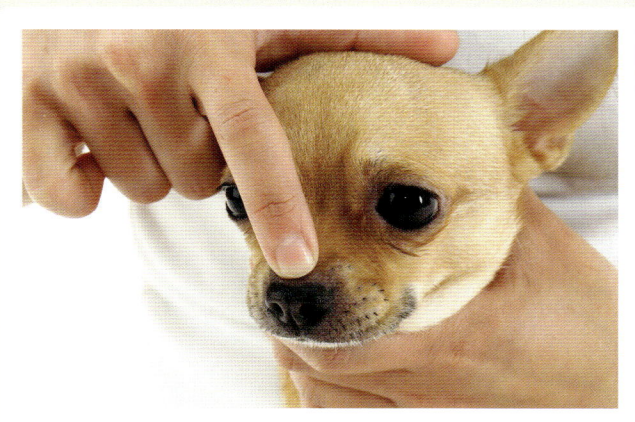

**2**

子犬・子猫など、食欲が低下している子たちには鼻の頭にある山根(さんこん)といわれるツボを押しマッサージをすると食欲がでてきます。

**3**

また、鼻の下には人中(じんちゅう)といわれるツボがあり、ここのマッサージは緊急時や蘇生時に効果的です。

> **Point**
> 鼻の周りのマッサージはいやがることが多いので、無理はせずに少しずつマッサージをしていきましょう。

## 口の周りのマッサージ

### 1
口の周りは円を描くようにマッサージをしていきます。
まずは、頬(ほお)を確認しましょう。

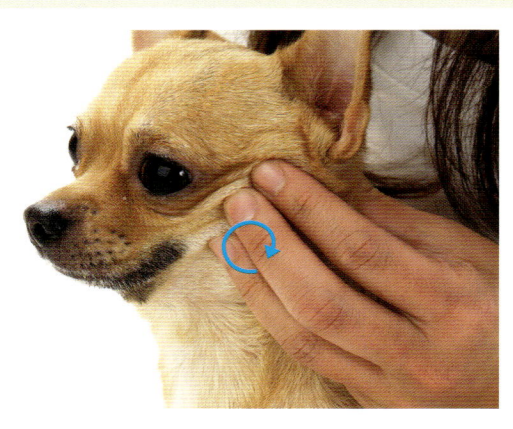

### 2
頬の上からくるくると歯茎もいっしょに刺激しながらマッサージをしてあげましょう。
特に大型犬や物をくわえるのが好きな犬は、この部分のマッサージが大好きです。

### 3
最後は前から後ろに、流すようにマッサージをしていきます。

**Point**
口の周りのマッサージをすることによって、わんちゃんの口の中を容易に見ることができるようになり、歯磨きなどを嫌がらずにさせてくれるようにもなるでしょう。

## 首の周りのマッサージ

**1** 両手でやさしく持ち上げていきます。大型犬などは両手の方が持ちやすく、力が入りすぎないのでおすすめです。

**2** 小型犬は片手で胸の部分を支え、片手で皮膚を持ち上げていきます。

**3** 硬い部分やこりがある場合には、指先で軽く押しながらゆっくりもんで、こりをほぐしていきましょう。

### Point

　わんちゃんの首はとてもこりやすい部分です。
　リードを引っ張る子や訓練でジェントルリーダーをつけている子、小型犬でいつも顔を上げて飼い主さんを見ている子は、とても首に負担がかかります。首は頭につながる神経が通っているので、とても大切な部分です。

　そのため、首に負担がかかると頭痛、視野のぼけ、恐怖心や咬みつきなど、首のこりから問題行動につながることもあります。
　この大切な首を丁寧にもんだり、軽く押してマッサージをしてあげると、病気の予防や精神的な落ち着きにもつながります。

## 肩のマッサージ

1 犬も人間と同じように肩甲骨があるため、肩こりになります。

2 肩甲骨の周りには肩こりのツボがあるので、親指でやさしく押して刺激してあげましょう。

3 大型犬は少し強めに押してもかまいませんが、小型犬は強く押すと痛がるので、やさしく押しマッサージします。

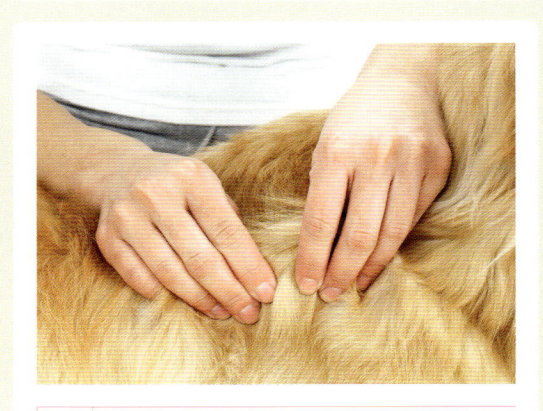

4 もみマッサージ。
筋肉をゆっくりと両手でもみ上げます。

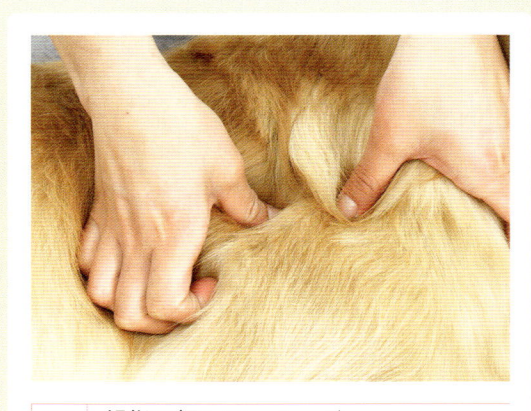

5 親指で押しマッサージ。
これは大型犬のみにしましょう。

> **Point**
>
> 肩こりがひどいと、いらいら感が高まったり、逆に元気がなくなったりするので、肩のマッサージは健康な子にも毎日してあげたいマッサージです。
> 首から肩は筋肉がパンパンに張る子がいるので、肩甲骨を確認して「もみマッサージ」や軽く「押しマッサージ」をして、首のこりや痛みを和らげてあげましょう。

## 肋骨のマッサージ

### 1
最初に肋骨を確認します。
もし、肋骨が分からない場合は太りすぎです！　まずはやせることから始めましょう。
また肋骨が分かりにくい場合は、少し前肢を上げて確認しましょう。確認の際も強く押しすぎないように気をつけましょう。

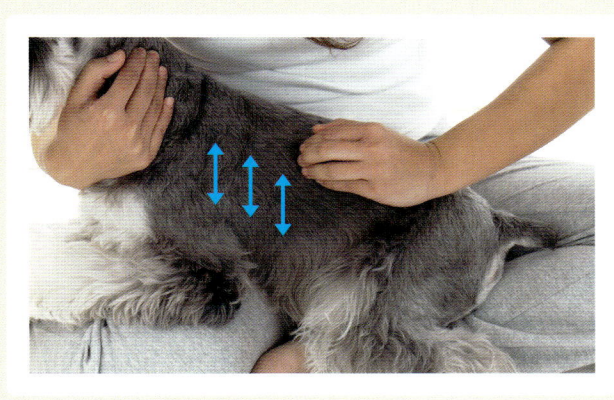

### 2
肋骨が確認できたら、肋骨間にやさしく指を入れて、上下に揺らすようにマッサージをしていきます。
このとき、上から下にマッサージをしていきます。

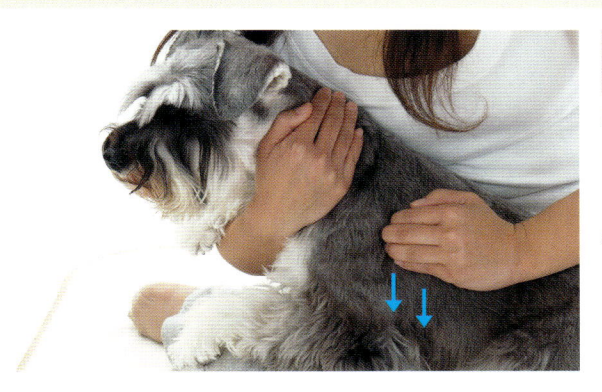

### 3
肋骨間にやさしく指を入れ、上から下に指をなでおろしていきます。
このとき、助骨間にすき間ができるようにイメージしていくと、肋骨間に余裕ができ、身体がらくになります。

**Point**

肋骨間のマッサージは咳が多い子や老犬におすすめです。
咳の多い子は特に体が縮こまりやすいので、肋骨部分に指を入れ、やさしく肋骨に沿ってすべらしながらマッサージをしていくと胸が広がり、呼吸がしやすくなります。

落ち着きのない子にこの肋骨間マッサージをすると静かになることがあります。試してみてください。
強い力でのマッサージは避けてください。肋骨は柔らかいため、傷つけてしまう可能性もあります。

## 前肢のマッサージ

1 まず、肩から足先に向かってマッサージをしていきます。

2 両手で前肢を持ち、広げるようにマッサージをしていきます。

3 足先までこまめにマッサージをしていきます。

4 指の間も、もみほぐしていきます。

**Point**
前肢の足裏に心臓につながるツボがあるので、若いうちから足裏のマッサージに慣れさせておくことは、わんちゃんにとってとてもよいことなのです。

足にむくみがあるような子の場合、逆に下から上に向かってマッサージをしていきます。

## 胸のマッサージ

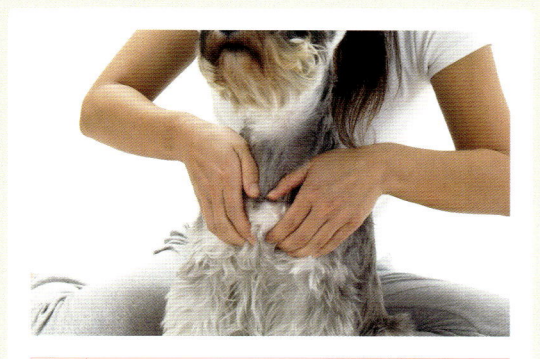

1. 首の下から、両手で筋肉を確認します。

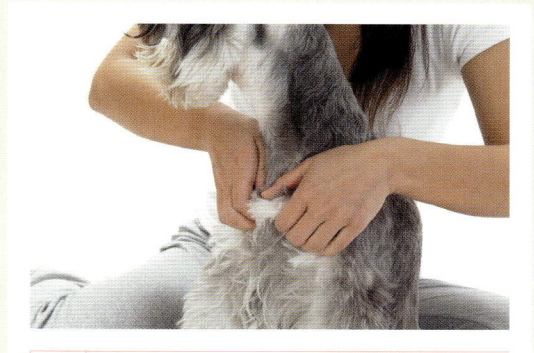

2. 首の下からお腹の方に向かって、もみほぐしていきます。

3. 張りの強い子はまず、撫でて筋肉の緊張を取り除いてからもみほぐしてあげます。

4. 上から下に撫でるようにマッサージをしていきます。

> **Point**
> 見落としやすい胸のマッサージですが、案外この部分にこりや張りが多く、特にスポーツをしている場合やリードの引っ張りぐせがある子は、この胸の部分がパンパンに張ります。
> 触ったときに筋肉の張りを感じたら、こまめにマッサージをしてあげましょう。

## 背中のマッサージ

1 犬の背中を正面にして、自分の足の間に入れます。

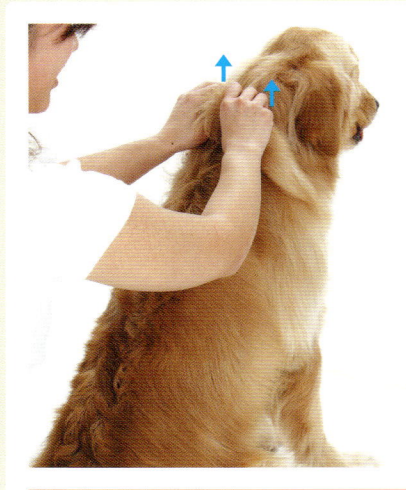

2 首からお尻に向けて、皮膚を引っ張っていきます。

3 初めは皮膚の伸びが悪いこともあるので無理に引っ張らないようにします。

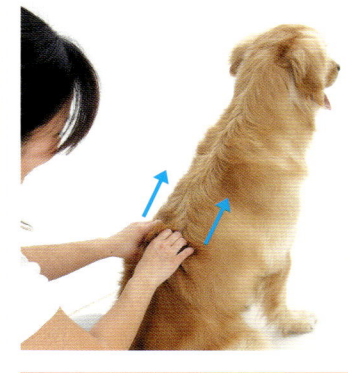

4 体調が悪かったり、元気がないときはお尻から首に向かってマッサージをしていき、興奮して落ち着きがないときや緊張しているときは、首からお尻に向かってマッサージをしていきます。

> **Point**
>
> 背中はスキンローリングといって、背中の皮膚を持ち上げ、くるくると巻くようにマッサージをしていきます。
>
> 特に背中には内臓につながるツボが多いので、体調を崩しやすい子や身体の弱い子にはおすすめです。毎日してあげたいマッサージのひとつです。
>
> また、この背中のマッサージをしている際に、腰の部分など皮膚を引っ張ったときに痛がったり嫌がるときは、ヘルニアや腰痛などの病気の可能性もあるので注意しましょう。
>
> そして引っ張った皮膚の戻りが悪いときは脱水している可能性もあるので、その場合は獣医さんに診察してもらいましょう。

## 腰のマッサージ

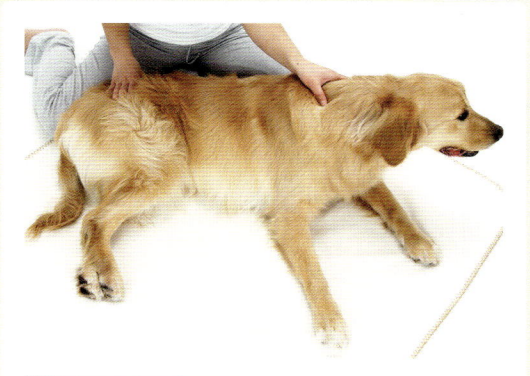

1 腰は首周りと同じくらい張っているため、首が張っていると腰が痛いことも多いので、最初にその確認をします。

2 腰が張っていたり、硬い場合にはまずは温めてからにします（蒸しタオルなどがおすすめです）。

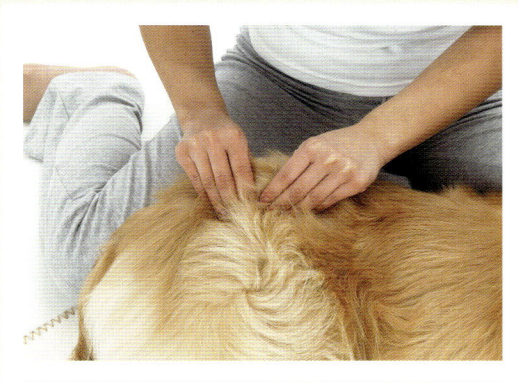

3 腰はやさしく押し回したり、引っ張ったりしながらマッサージをします。

**Point**

特にダックスフンドやコーギーなど、胴が長く腰に負担のかかりやすい犬種は腰のマッサージをまめにしましょう。

ヘルニアなどになった犬はとても痛がるので、強い力で押したり、ツボを刺激する方法は避けましょう。

腰のマッサージはまず温めて硬い筋肉をやわらかくしてから始めると、腰を痛めることがなく、マッサージの受け入れもスムーズです。

大型犬の場合

小型犬の場合

4 大型犬は少し強めに押しマッサージをしても大丈夫です。
小型犬は押しマッサージよりも手のひらの部分で大きく円を描くようにマッサージをしていきます。

## 大腿部のマッサージ

1 大腿部の上にある大きな筋肉をゆっくりともみほぐしていきます。

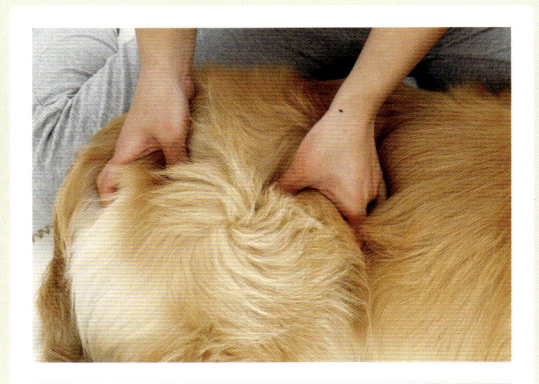

2 そして、親指で広げるようにもみほぐしていきます。

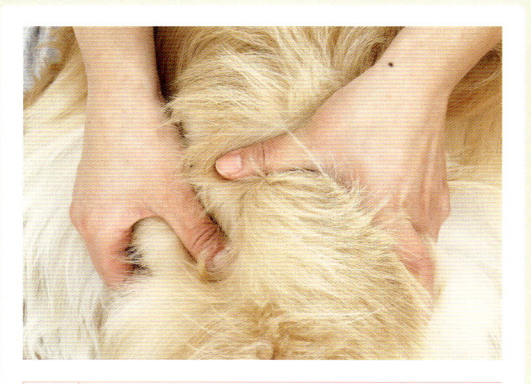

3 後肢の後ろにある半腱様筋も張っていることがあるので、こまめにマッサージをしてあげましょう。

> **Point**
> 　特に大型犬など、年をとると後肢の筋肉が落ちてきます。
> 　後肢の踏ん張りが利かなくなったり、寝たきりになってしまったときにマッサージをしてあげることでリハビリ効果にもなります。
> 　また元気に走りまわったり、ジャンプをする回数の多い小型犬は、後肢の半膜様筋が張るのでマッサージされるのを好みます。

大型犬の場合

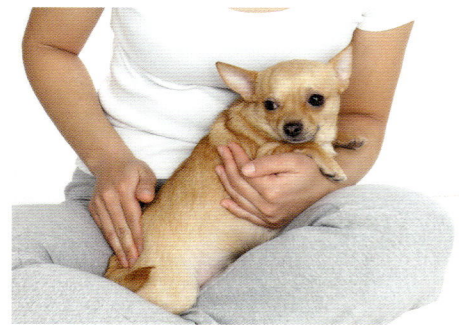

小型犬の場合

4 大型犬は後肢の大きな筋肉を親指でもみほぐすようにマッサージをしていきます。
小型犬は、手のひらでやさしく円を描くようにマッサージをしていきます。

### 後肢から足先までのマッサージ

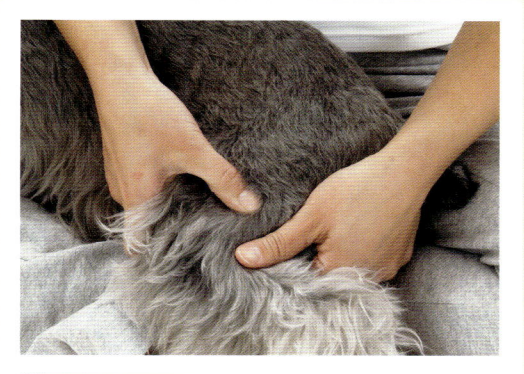

1 大型犬は後肢の大きな筋肉をもみほぐすようにマッサージをしていきます。

2 大腿部からゆっくり足先に向かって、マッサージをしていきます。

3 足先までもむことができるようにしておくと、わんちゃんが年をとって足先が冷たくなったり、血行が悪くなったときに、こまめなマッサージも容易にでき、血行促進にも役立ちます。

**Point**

基本的に大腿部から下に向かってマッサージをしていきます。足がむくんでいたり、張っている場合は、足先から上に向かってマッサージをしていきます。

また、年をとると人間と同じように血行が悪くなったり冷たくなるので、血行促進のためにも指先までこまめにもんだり握ったりしてマッサージをしましょう。

## 臀部のマッサージ

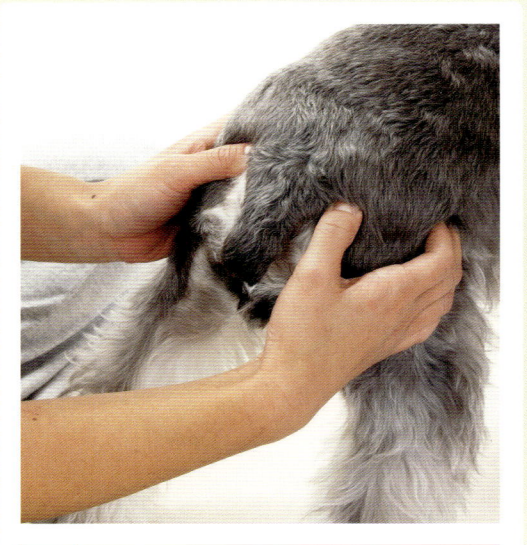

|1| 上から見た状態。

|2| 尾の付け根、肛門の左右少し上の坐骨部分に親指を置きます。

|3| 強くは押さず、ゆっくりと押し回してマッサージをしていきます。

|4| 排便が困難な子や便秘の子にはこまめにマッサージをしてあげましょう。

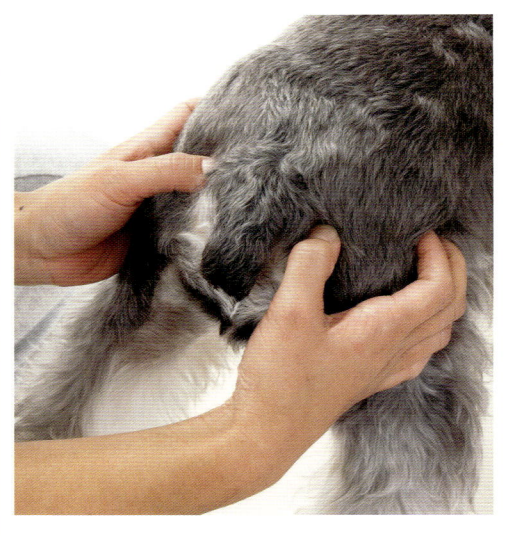

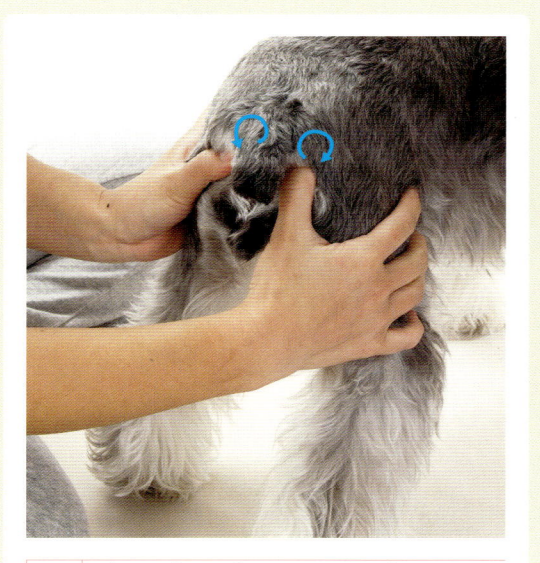

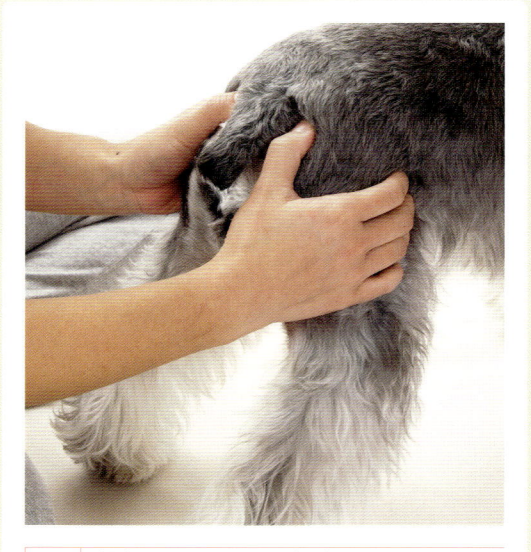

**Point**

臀部とは尾の付け根とお尻の部分です。
便秘がひどい場合にはお腹といっしょにこの部分をマッサージしてあげるとより効果的です。また肛門の近くなので、強く押すと肛門腺が出てしまうこともあるので注意しましょう。
特にここの部分のマッサージが必要になるのは、排便が困難になりつつある老犬や便秘症の子です。

## 尾のマッサージ

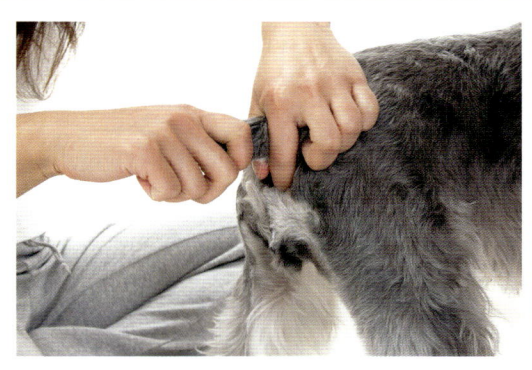

1 しっかりと左手で尾の付け根を持ち、押さえます。尾の付け根をくるくると回していきます。

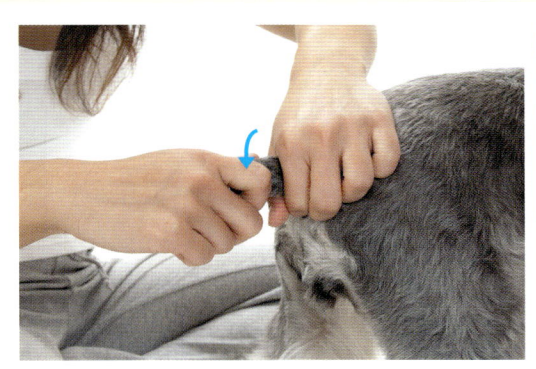

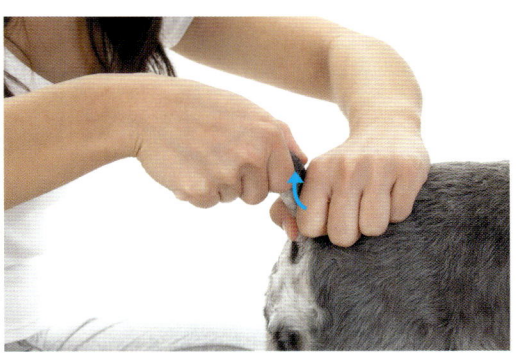

2 尾にある関節をひとつひとつ確認するように、尾の関節を上下に動かしていきます。

> **Point**
>
> 尾の部分を最初から気持ちよく触らせてくれる子はあまりいません。少しずつ触っていくようにしましょう。
>
> 尾のマッサージは尾の付け根を持ち、尾の骨を上下に動かしながら前後に引っ張っていく方法と、尾の付け根を持ち、くるくる回す方法があります。コーギーやヨーキーなどの尾のない子たちはする必要はありません。

## 3-4 お腹をこわしたときのマッサージ

### お腹をこわす原因

お腹をこわす原因にはいろいろあります。

たとえば、①食べすぎ、②ストレス、③食べてはいけないものを食べたとき、④お腹を冷やしてしまったときなどが考えられます。いずれの原因にしても、お腹が痛かったり、調子が悪いことには変わりません。まず、お腹の調子を整えるマッサージをしていきましょう!!

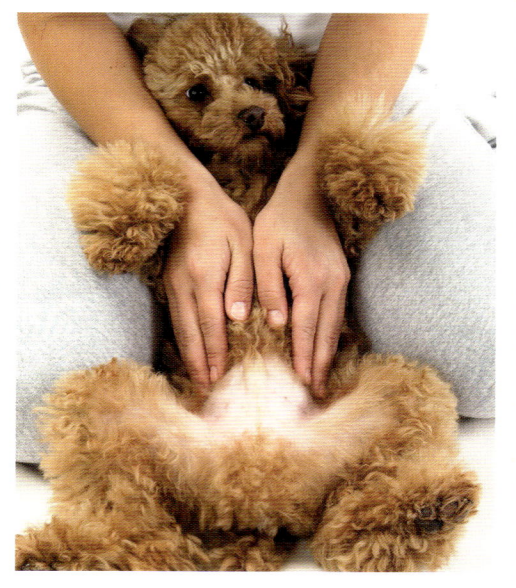

**1** まず、仰向きに寝かせます。無理な場合は横向きでもかまいません。

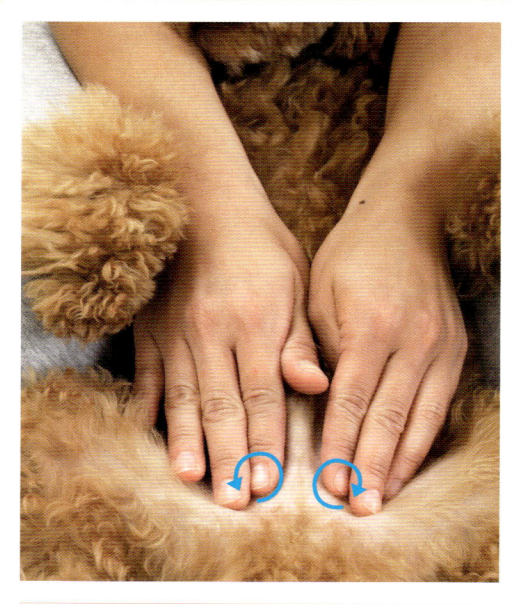

**2** お腹をくるくると円を描くようにマッサージをしていきます。

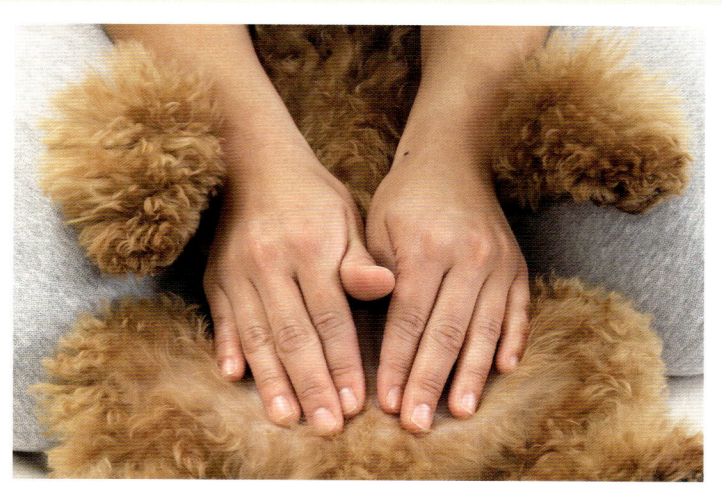

**3** そのときにお腹にあるツボもいっしょに刺激してあげると、より効果的です。
お腹のツボはおへそから陰部までの左右にあるので、意識してゆっくりマッサージをしてあげましょう。

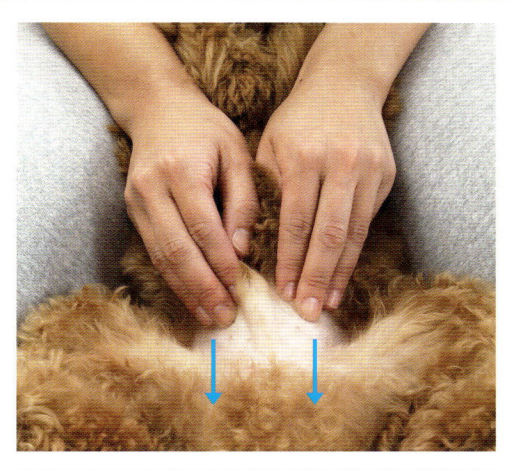

| 4 | 便秘のときは上から下に向かって撫でるようにマッサージをしていきます。 |

| 5 | 下痢のときは下から上に向かって撫でるようにマッサージをしていきます。 |

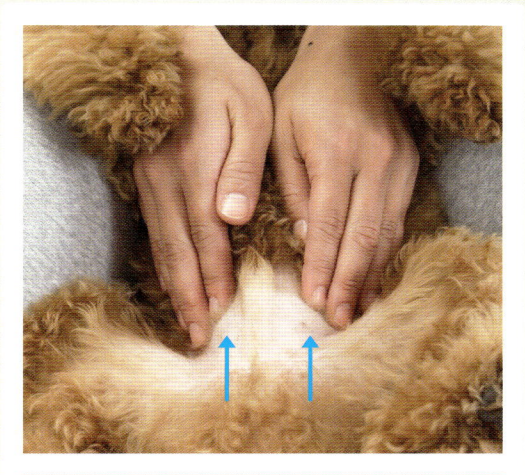

### お腹をこわしたときのごはん

体重10kgの犬の1日分（少なめ）
* 鶏ひき肉……………………… 250ｇ
* オートミール………………… 50ｇ
* 人参のすりおろし…………… 20ｇ
* 大根のすりおろし…………… 30ｇ

これらをすべて煮込みます。

でき上がりは、右の写真のようになります。
お腹にやさしく、おいしいごはんです。

**Point**

お腹が冷えているときは、まずはお腹を温めてから行いましょう（蒸しタオルやタオルに巻いた使い捨てカイロなど）。
マッサージをする私たちの手は、必ず温めてから実行してください。

下痢や便秘、胃腸の調子を整えるお腹のツボは、おへその下から陰部までの左右にあるので、やさしく指のひらで刺激しましょう。

## 3-5 "怖い" と感じたときのマッサージ

### 怖いと感じる原因

動物が「怖い‼」と感じる原因はいろいろあります。

たとえば、①雷・大雨、②台風などの大風・暴風雨、③病院、④特定の原因（男の人が怖い・帽子をかぶっている人が怖いなど）が考えられます。こういうときは落ち着かず、ハアハアと舌を出して息をしたり、走りまわったり、逆に固まってしまって、震えたりします。そんなとき、少しでも気持ちを落ち着かせ、不安感を取り除いてあげましょう。

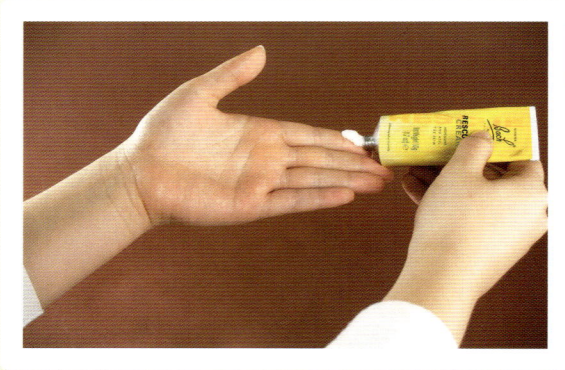

### 1
まず、とても怖がりな子や臆病な子には耳の内側にレスキュークリームを塗ることをおすすめします。
クリーム以外では、レスキューを4滴飲ませるか、レスキュースプレーを部屋に散布することもおすすめです。

### 2
怖さや極度の緊張を感じると、犬たちは、首の後ろが硬くなって熱くなってきます。
まずは確認してみてください。

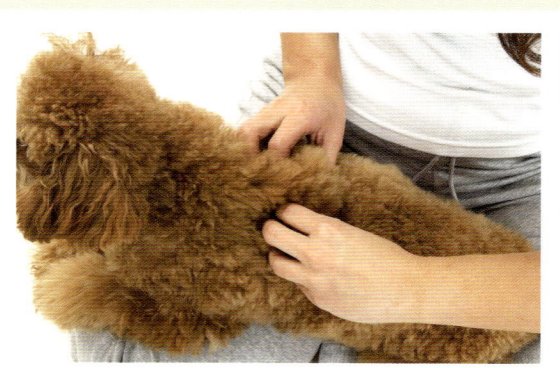

### 3
首の後ろが硬くなって熱くなっていたら、やさしく、その硬くなっている筋肉をもみほぐしていきます。
硬くなっているからといって、力を入れて強くもみほぐしては筋肉を痛めるので、やさしくもみほぐしていきましょう。

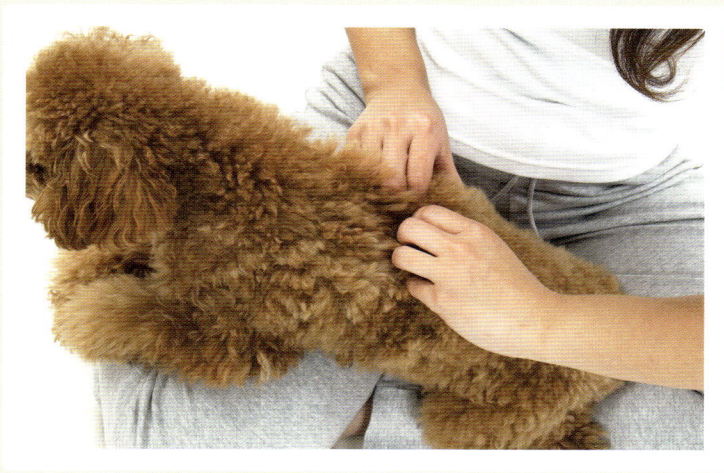

## 4
そのまま首から背中の皮膚をもみほぐしながら、腰に向かってマッサージをしていきます。

## 5
腰周りも硬くなっていることが多いので、やさしくもんでいきます。

### おすすめアロマ
オレンジ、カモミール・ローマン、ベルガモット、ラベンダー
（単品よりブレンドで使うほうがより効果的です）

### おすすめレメディー
＊レスキューレメディー＊
- ボトル……………口の横から原液を4滴飲ませます。
- クリーム………耳の内側に塗ります。
- スプレー………空気中に散布したり、口の中に入れて飲ませます。

＊11ページを参照してください。

**Point**
身体の硬くなっている部分をもみほぐしてあげるだけで落ち着き、安心感を取り戻せます。

まず、マッサージをする私たちがリラックスし、マッサージをしてあげてください。

## 3-6 猫のマッサージ

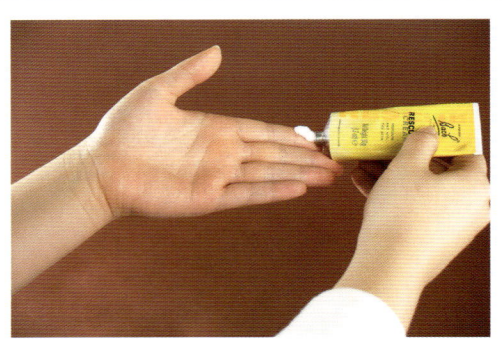

**1** 猫は基本的に怖がりな子が多いので、手にレスキュークリームを塗ったり、上から少し大きめの布などをかけてからマッサージを始めると、受け入れがスムーズです。

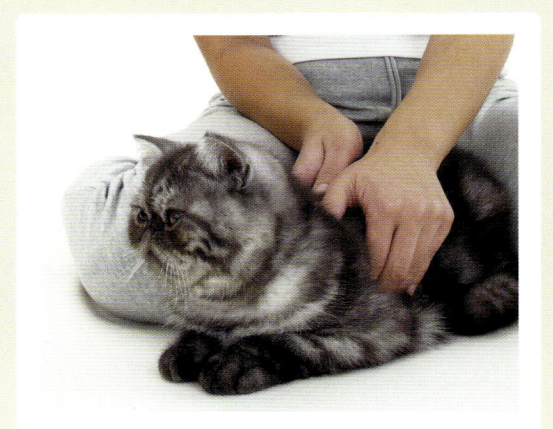

**2** 猫も犬と同様にマッサージをしていきますが、犬よりはやさしくマッサージをしていきましょう。

**3** 猫も首周りのマッサージは好みます。
最初から全身をマッサージするのではなく、ゆっくりと部分的にマッサージをしていきましょう。

### Point

犬をマッサージするときはアロマなどを焚いてリラックスさせますが、猫はアロマが危険な場合もあるので、できれば使わないほうがよいでしょう。

猫は嫌だと咬みついてくる場合もあるので、無理にマッサージをしたり、押さえつけたりしないようにしましょう（猫のアロマオイルについては33ページを参照してください）。

# 第4章
## 手作りごはん

寺井理恵

## 4-1 手作りごはんについて

皆さんの可愛い愛犬・愛猫の食事には、どんなものをあげていますか？ ドライフード、半生フード、缶詰フード、アルミパウチ、アルミトレー、フリーズドライフード、冷凍フードなど、さまざまなものがあります。

愛犬・愛猫の食事選びは、飼い主さんの悩みの種です。毎日のことですし、愛犬・愛猫の嗜好もそれぞれ異なります。また、体質や体調によって食事を変えてあげなくてはなりません。

健康のもとは、やっぱり毎日の食事から！ 家族と同じ食材を使って愛犬・愛猫にごはんを作ってあげましょう！

手作りごはんと聞くと、『大変そう』『栄養のバランスが心配』と思うかもしれませんが、まずはできる範囲で始めましょう。

人も時間がないときの食事は、お総菜や外食で済ませることもあります。でも時間があるときは、やはり愛情を込めた手作りごはんを食べたいものです。

栄養のバランスですが、人の食事で、毎日毎食、完璧にバランスの取れた食事をとっている方は、どのくらいいるのでしょうか。そもそも完璧にバランスの取れた人の食事とはなんなのでしょうか？

**Point**
ホリスティックの観点からの食事
- 肉体的…自然に近い食事、身体にやさしい食事
- 精神的…食事の至福感、飼い主さんの愛情を込めた食事

市販されている栄養調整食品を毎日毎食食べていれば、健康を維持できるのでしょうか？

　忙しい朝は食パン一枚なんて日もありますし、今日はお祝いだから、焼肉をたくさん食べる日もあるはずです。

　愛犬・愛猫の食事も、毎日毎食、完全な食事でなくても大丈夫です。もともとは自然界で生活していましたし、人と生活を始めてからもつい十数年前まで、ほとんどのわんちゃん・ねこちゃんは、家庭での残り物を食べて、元気に過ごしていたのです。

　ペットフードの普及により、人と同じような病気（がん、アレルギー、糖尿病など）が増えてきました。人の病気には、ストレスや運動不足などのさまざまな要因があります。食べ物がすべての原因ではありませんが、ファーストフードやインスタントフードで育った現代の子どもたちには、食生活によるさまざまな問題が起きています。ペットフードの普及により、実は人と同じように、わんちゃん・ねこちゃんにもさまざまな問題が起きているのです。

　ぜひもう一度、愛犬・愛猫の食事を見直してみましょう。

　愛犬・愛猫の健康は、飼い主さんが守る！

　愛犬・愛猫の口に入るものは、飼い主さんの目でしっかりとチェックする！

　愛情を込めたごはんにする、温かい手でマッサージをする、かおりで心を落ち着かせる……こんな素敵なことをしませんか？

　きっとなにかが変わるはずです。愛犬・愛猫にも食事の楽しみを！

## 4-2 市販フードと手作りごはん

|  | メリット | デメリット |
|---|---|---|
| 市販フード | 準備が簡単<br>持ち運びが楽<br>安価 | 原料や添加物が不明瞭<br>缶：後始末が面倒である<br>　　質が悪い場合がある<br>　　口の周りの毛が汚れる |
| 手作りごはん | 原料や添加物が明瞭<br>体調や体質に合わせて食材が選べる<br>愛情たっぷり<br>よろこんで食べてくれる<br>（わんちゃんの場合） | 準備が大変<br>→手のかからないごはんも必要<br>保存が利かない<br>→保存場所（冷蔵庫・冷凍庫）が必要 |

　上記の表のように、やはり市販フードやおやつの最大のデメリットは、原料と添加物が不明瞭だということです。

　現在の日本では、ペットフードの規制はありません。原料の80％を表記すれば販売できることになっています。残りの20％は表記する必要はないのです。

　今日、人の食べ物でも不正表示や賞味期限切れが問題になっています。規制のないペットフードに同じようなことが起きていないとも限りません。

次に価格の面です。一般的なドライフードの価格は￥1000～2000/kgです。つまり、￥100～200/100ｇです。肉類、穀類、ビタミン、ミネラルを使ってこの価格です。そのうえ、加工費、輸送費、宣伝広告費も込みですから非常に安価です。

　たんぱく源としては、人の食品として検査の基準をすべて満たしていない肉類や魚類（抗生剤やホルモン剤を大量に使用した肉類、養殖場での魚類）を使ったり、穀類は、昨年、一昨年といった古くなった米や小麦を使ったりします。

　現実問題としてそこまでしなければ、市場に出回っているペットフードの価格にはなりません。人と同じ食材を使えば、それなりに価格が上がります。

　また缶詰に関しては、缶の質が問題になることもあります。

　わんちゃん用の半生フードやしっとり感を残してあるジャーキーなどのおやつに、保湿剤として使われているプロピレングリコールという合成添加物があります。この合成添加物には発がん性の疑いがあるといわれています。また、ねこちゃんが口にすると貧血になったり、重症の場合には死に至ることもあります。

　このような危険性から、ヨーロッパ諸国では使用が禁止されている合成添加物です。しかし、日本では規制がなされていないのが現状です。

　そのほかにも、さまざまな添加物の問題が起こっています。人の食べ物ですら、原料や製造過程に問題があると毎日のようにニュースになっています。規制がないペットフードには、人の食べ物以上に問題があると思っても不思議ではありません。

　最近では、合成添加物が問題行動の引き金になる可能性もあるというドッグトレーナーや動物行動学者もいます。

## 4-3 手作りごはんの注意点

今まで市販フードを食べていたわんちゃんが手作りごはんの食事に切り替えるときには、ゆっくりと時間をかけるように注意しましょう。

10種類の食材を一度に与えると、下痢や嘔吐、便秘などが起きたときに、どの食材が原因なのか分からなくなってしまいます。最初に1つずつ食材を与えながら様子を見て、問題がないかチェックしましょう。また、そうすることで愛犬・愛猫の食材の好みも分かってくると思います。

最初のうちは、例として下にあげてあるメモを取っておくことをお勧めします。

成長期、妊娠授乳期、高齢期、疾患をもつ子の場合は、手作りごはんの知識がある獣医さんやペット栄養管理士に相談してからにしましょう。

手作りごはんに切り替える前と切り替えてから1～6ヵ月後に、血液検査、糞便検査、尿検査を受けることをお勧めします。

また、愛犬・愛猫の日頃の行動にも変化が見られるかもしれません。しっかり様子をチェックしてみてください。

### わが家の愛犬が手作りごはんに切り替えたときのメモ

|  | 食べたか？　食べないか？ | 排泄は？ |
|---|---|---|
| 鶏ササミ | よろこんで食べた | 問題なし |
| 鶏レバー | においをよく嗅いでから食べた | 問題なし |
| 納豆 | よろこんで食べた | やや軟便になる |
| ゆでた人参 | みじん切りで食べた<br>大きく切ったらよけてしまった | 次の日の便に未消化のまま出てきた<br>1ヵ月くらいで消化できるようになった |
| ゆでたピーマン | どうやら嫌いな様子<br>フードプロセッサーにかけたら食べてくれた | 問題なし |
| きゅうり | どうしても食べてくれない | ー |

## 手作りごはんに切り替えた飼い主さんからの感想

「愛犬の"エサ"ではなく、"ごはん"と言うようになった。愛犬にも食事の楽しみを与えることができてうれしい」

そうです。エサという言葉は、家畜に使う言葉です。家族の一員である愛犬・愛猫の食事は、ぜひ、ごはんやフードといった言葉を使いましょう。

「愛犬のごはんは、納戸から出して"もの"扱いだったのが、キッチンから作りたてをあげるようになってから、リビングでごはんを待っている姿が愛おしい」

そうです。キッチンから食事を出すことによって、ごはんを作る飼い主さんを見つめて待っていてくれる姿を見ると、作る飼い主さんも幸せになります。

## 🚫 与えてはいけないもの

**＊ねぎ類（たまねぎ、長ねぎ、らっきょうなど）**

　ねぎ類に含まれるアリルプロピルジスルフィドという成分が赤血球を破壊し、溶血性貧血を引き起こします。加熱しても、煮汁にしても成分の作用に変化がないため、どんなかたちであれ、ねぎ類は与えてはいけません。

**＊チョコレート**

　チョコレートに含まれるテオブロミンという成分が心臓と中枢神経系を刺激し、中毒症状を引き起こしかねません。重症な場合はショック状態を起こし、死に至ります。
　軽い症状としては、下痢、嘔吐がみられます。

**＊加熱した獣骨**

　火が通った骨は噛むことによって、骨が縦に裂け、胃や腸などの消化管を傷つける可能性がありますので、与えないでください。生の骨は与えてもかまいませんが、必ず人が見ている前で与えましょう。

**＊人用に調理した食事**

　人と同じ塩分は必要としていません。また人は汗として体外に排出することができます。塩分の取りすぎは心臓に負担がかかりますし、糖分の取りすぎは肥満につながります。
　塩分や糖分の取りすぎに注意してください。

> **Point**
> 　食べ物の反応には個体差があります。Aちゃんが食べて問題がなくても、Bちゃんは下痢をしてしまうことがあります。最初に必ず少量を与えて、様子を見てください。

## ⚠ 注意するもの

* 牛乳、ヨーグルト

　愛犬がよろこぶ食べ物ですが、なかには下痢や軟便を起こす子がいます。

* 豆乳、納豆、大豆製品

　体に良い豆製品ですが、食べすぎたり、体に合わないとガスが溜まりやすくなったり、下痢や軟便を起こすことがあります。

* 生卵の白身

　アビジンという成分が下痢を引き起こしたり、ビタミンの一種であるビオチンの吸収を阻害することがあります。
　加熱して与えるようにしましょう。

* 豚肉、イカ、タコ、エビ、カニ

　消化が悪いので、あまりお勧めする食材ではありません。
　また豚肉は、トキソプラズマ寄生の可能性がありますので、生食は禁忌です。

* ほうれん草

　シュウ酸カルシウムの結晶、結石をもつ子は、症状を悪化させることがありますので、注意してください。
　問題がない子は特に心配いりません。

* 葉の野菜（キャベツ、青梗菜、白菜など）

　ストロバイトの結晶、結石をもつ子は、症状を悪化させることがありますので、注意してください。
　問題がない子は特に心配いりません。

## 4-4 手作りごはんの種類

手作りごはんには大きく分けて3種類あります。

| 加熱食 | 肉類、野菜類、穀類を加熱して作るごはんです。<br>加熱方法は、煮る、炒める、蒸すなどがあります。<br>冷凍保存ができるので、ストックが可能です。 |
|---|---|
| 半生食 | 肉類は生のまま与えます。<br>毎回、肉類を解凍する時間が必要となるか、毎回、新鮮な肉類を準備する手間が必要です。<br>野菜類、穀類は加熱して作るごはんです。<br>冷凍保存ができるので、ストックが可能です。 |
| 生食 | 肉類、野菜類を生のまま作るごはんです。<br>毎回、新鮮な肉類、野菜類を準備する手間が必要です。 |

　自然界のことを考えれば、生食がもっとも良いと思われます。しかし、生肉に抵抗のあるわんちゃんやねこちゃんは少なくありません。
　またどうしても、生肉、生野菜が体質に合わない子もいます。
　どの食事もメリット・デメリットを考慮し、無理しない範囲内で、愛犬・愛猫に見合う、そして作る側の飼い主さんの生活スタイルに見合う食事の準備をしましょう。
　「自分の食事もままならないほど忙しい…でも愛犬・愛猫のごはんは睡眠時間を削ってまで作らなきゃ…」と切羽詰まって作らないでください。ときには手のかからないごはんも必要です。常に、心と体にゆとりをもって、愛犬・愛猫に接してください。

## 4-5 栄養について

### ● ● 食性 ● ●

| 犬 |
|---|
| 肉食に近い雑食<br>群捕食者<br>腐敗肉食者 |

| 猫 |
|---|
| ほぼ肉食<br>単独捕食者<br>新鮮肉食者 |

　食性から分かるように、犬は群捕食者といって、群れで獲物を捕るので、自分の体より大きな獲物（羊や鹿など）を捕まえて食べることができます。
　逆に猫は、単独で獲物を捕るので、自分の体より小さな獲物（昆虫や鳥など）しか食べられません。このことから、猫には大動物の肉類（ラム肉や牛肉など）はあまりお勧めしません。
　犬には、小動物から大動物の肉類すべてを与えてもかまいません。しかし肉類の選び方は、犬種や仕事内容によって異なります（107〜109ページを参照してください）。

　もう一点は、犬は自分の体より大きな獲物を捕りますが、一度に食べきれません。そのため、残った獲物は土に埋め、時間をおいてから食べます。
　愛犬が、食べ物を隠す行動をすることはありませんか？　寝床の布団にガムを隠したり、食器に鼻を擦って土をかける行動をするのは、この食性に由来する行動です。

　また、猫はその場で捕れた新鮮な肉類しか食べません。猫が体温のある小動物の食事を好むのは、この食性に由来します。猫は、冷蔵庫から出したばかりの冷たいものは食べません。36〜38℃くらいに温めてあげましょう。

　犬は、土に埋めた獲物を掘り返して食べるので、冷たいものでも食べます。また腐敗肉を食べることから、においがきつい食べ物（納豆や生ゴミなど）も食べます。しかし、下痢や嘔吐の原因となりますので、与えないようにしましょう。

## ●●● 五大栄養素 ●●●

| | |
|---|---|
| たんぱく質 | 　体のすべての組織と細胞の成分です。筋肉、骨、被毛などすべての組織の成長や発達に必要な主原料です。また炭水化物と脂肪からのエネルギーが不足すると、エネルギー源にもなります。約20種類のアミノ酸からなり、配列、長さなどのちがいにより異なる種類を形成しています。<br>● 必須アミノ酸：アルギニン、メチオニン、ヒスチジン、フェニルアラニン、イソロイシン、スレオニン、ロイシン、トリプトファン、リジン、バリン、タウリン（猫のみ）。体内で十分に合成できないため、食事から摂取する必要があります。<br>● 主な供給源：肉類、豆類<br>　犬猫は、もともとは肉食のため、植物性たんぱく質の豆類より動物性たんぱく質の肉類の方が消化吸収されやすくなっています。大豆に含まれるフィチン酸が亜鉛やカルシウムなどの吸収を阻害します。また、犬猫は大量の大豆の消化には向かないので、量は控えめにしましょう。 |
| 脂質 | 　体が利用しやすいエネルギー源で、体内に貯蓄するエネルギーにもなります。脂溶性ビタミンの吸収には必須栄養素です。<br>● 飽和脂肪酸：動物性油脂に多い<br>● 不飽和脂肪酸：植物性油脂に多い<br>● 必須脂肪酸：不飽和脂肪酸のリノール酸、αリノレン酸、アラキドン酸。食事から摂取する必要があります。<br>● 主な供給源：油（常温で液体）、脂（常温で固体） |
| 炭水化物 | 　単糖類（ブドウ糖、果糖など）、小糖類（乳糖、麦芽糖など）、多糖類（デンプン、グリコーゲンなど）があります。しかし最終的には、単糖に分解され、体に吸収されます。主に脳と筋肉のエネルギー源です。しかし過剰になると、中性脂肪に転換されて肥満につながります。不足になると、筋肉中のたんぱく質が分解され、エネルギーとなってしまうため、筋肉が弱ってしまいます。繊維質も豊富で、腸の蠕動運動を助けてくれます。<br>● 主な供給源：米、麦など |
| ビタミン | 　生命維持には欠かせないものですが、エネルギー源にはなりません。ごく微量で作用し、生命維持に欠かせない有機化合物です。<br>● 脂溶性…ビタミンA・D・E・K<br>● 水溶性…ビタミンC・B群 |
| ミネラル | 　生命維持には欠かせないものですが、エネルギー源にはなりません。ビタミンとは違い、無機化合物です。代謝されることはありません。<br>● 多量ミネラル…カルシウム、リン、マグネシウム、イオウ、ナトリウム、カリウム、塩化物<br>● 微量ミネラル…鉄、亜鉛、銅、マンガン、ヨウ素、セレン、コバルト、クロム |

　上記のほかに水分の摂取も重要な役割を果たしています。

| | |
|---|---|
| 水 | 　身体の60〜70％を占めていて、生命維持に最も重要なものとされています。10％失うだけで、生命の危機となります。<br>　栄養素の運搬、代謝産物の運搬、体温調節、血液・リンパ液の成分、細胞の成分など、さまざまな役割をもっています。 |

## カロリー計算

*1 最初にRER（基礎エネルギー要求量）を求めます。
　犬：RER（基礎エネルギー要求量）＝ $70 \times 体重(kg)^{0.75}$
　　　体重の0.75乗を電卓で計算するには
　　　①体重を3乗する
　　　②＝（イコール）を押す
　　　③√を2回押す
　猫：RER（基礎エネルギー要求量）＝ $60 \times 体重(kg)$

（例）体重が10kgのとき
① $10 \times 10 \times 10$
②＝1000
③ $\sqrt{1000} = 31.622\cdots \rightarrow \sqrt{31.622} = \underline{5.623}$

*2 愛犬・愛猫の活動係数（下記参照）をかけます。
　犬：維持期 RER×1.8、不妊・去勢済み維持期 RER×1.6、減量 RER×1.4、高齢期 RER×1.3
　猫：維持期 RER×1.6、不妊・去勢済み維持期 RER×1.2、減量 RER×0.8、高齢期 RER×1.0

　このカロリー計算による1日の必要カロリー量は、あくまでも目安です。運動量、季節、体調などにより、1日の必要カロリー量は変わります。カロリー量が足りているかは、定期的に体重測定をお勧めします。
　体重が減るようでしたら、もう少しカロリーを摂るようにします。体重が増えるようでしたら、カロリーを減らし、適度な運動を心がけましょう。またダイエットには、代謝を上げるために、マッサージがお勧めです。

### 飲水量

運動量、気候、食事の水分量によりますので、目安としてください。
　犬：50～70㎖／kg
　猫：40～50㎖／kg

### 手作りごはんの分量

食材により、カロリー量が変わってきますので、あくまでも目安となります。

**成犬（体重10kg）**
- たんぱく質（肉類、魚類、豆類）
　…280～350g
- 繊維質（野菜類）…130～150g
- 糖質（穀類）…0～100g
- その他

**成猫（体重4kg）**
- たんぱく質（肉類、魚類、豆類）
　…130～150g
- 繊維質（野菜類）…10～30g
- 糖質（穀類）…0～20g
- その他

　次ページからの手作りごはんレシピは、体重10kgのわんちゃんを対象にしています。ササミジャーキーとキャロット クッキーのレシピはおやつとしての扱いです。

# 鶏肉ごはん

10kgのわんちゃんの1日分…715kcal

## 4-6 手作りごはんレシピ

### 材料

| | |
|---|---|
| 鶏胸肉 ………… 300g | 大根 ………… 30g |
| かぼちゃ ………… 50g | 人参 ………… 30g |
| ピーマン ………… 20g | |
| レタス ………… 30g | |
| 砂肝 ………… 70g | |

### 作り方

1. 鍋にお湯を沸騰させます

2. 鶏胸肉と砂肝を１cm角に切り、ゆでます（写真①）

3. 野菜を細かく切ります（写真②、③）

4. 肉類と野菜をゆでます（写真④）

5. すべてに火が通って、冷ましたら、でき上がり！

### Memo

- 鶏肉の皮は、脂分が多いので、取り除くようにしましょう。
- 砂肝は消化しにくいので、初めのうちは、なるべく小さく切りましょう。

# 牛肉たっぷりごはん

10kgのわんちゃんの1日分…735kcal

## 4-6 手作りごはんレシピ

### 材　料

- 牛肉赤身 ……… 300 g
- ブロッコリー …… 20 g
- 人参 ……………… 30 g
- 卵 ………………… 1 個
- オートミール …… 30 g
- 青梗菜 …………… 30 g
- じゃがいも ……… 30 g
- オリーブオイル ……… 大さじ 1

### 作り方

1. 鍋にお湯を沸騰させます
2. 牛肉赤身を 1 cm角に切り、ゆでます。
3. 野菜を細かく切ります（写真①、②）
4. すべてに火が通ったら、溶き卵を入れます（写真③）
5. 最後にオートミールを入れ（写真④）、2〜3分経ったら、蓋をして蒸らします
6. 冷めたら、でき上がり！

### Memo

- ブロッコリーは、芯も捨てずに使いましょう。

# お魚ごはん

10kgのわんちゃんの1日分…735kcal

## 4-6 手作りごはんレシピ

### 材料

| | |
|---|---|
| まぐろ切り身 … 250 g | 玄米 …………… 100 g |
| 豆腐 ……………… 30 g | 大根 …………… 20 g |
| かぼちゃ ………… 30 g | 人参 …………… 20 g |
| 白菜 ……………… 30 g | |
| しめじ …………… 20 g | |

### 作り方

1. 鍋にお湯を沸騰させます

2. しめじの石づきを取り、細かく切って、鍋に入れます（写真①）

3. 細かく切った野菜を入れます（写真②、③）

4. 野菜に火が通ったら、玄米を入れます（写真④）

5. すべてに火が通って、冷ましたら、でき上がり！

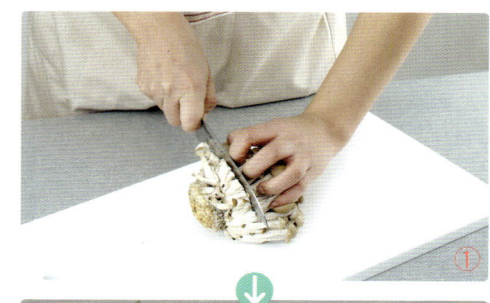

### Memo

- まぐろの切り身を、青身魚や白身魚にしてもOK！
- キノコ類は消化しにくいので、細かく切りましょう。

# 特別な日に…ハンバーグ

10kgのわんちゃんの1日分…705kcal

## 4-6 手作りごはんレシピ

### 材料

鶏ひき肉 ……… 350 g
オートミール …… 20 g
人参 ……………… 50 g
さつまいも ……… 20 g
ブロッコリー …… 20 g

### 作り方

1. 人参をすりおろします（写真①）

2. 鶏ひき肉と人参とオートミールを混ぜて、よくこねます（写真②）

3. 人のハンバーグを作るときと同様に、形を整え、空気を抜きます（写真③）

4. フライパンで、中までじっくりと焼きます（写真④）

5. さつまいもとブロッコリーをゆでます

6. お皿に添えて、でき上がり！

### Memo

- 写真のような状態では、お肉だけを食べる可能性が高いので、形を崩してよく混ぜてからあげることをお勧めします。

# ササミジャーキー

## 4-6 手作りごはんレシピ

### 材料

鶏のササミ ……… 数本

### 作り方

1. 鶏のササミを
   しっかりとゆでます
   (写真①、②、③)

2. ゆであがったら、
   水分をよく切ります

3. オーブンで30分ほど
   じっくりと焼きます (写真④)

4. 天日干しをして、乾燥したら
   でき上がり！

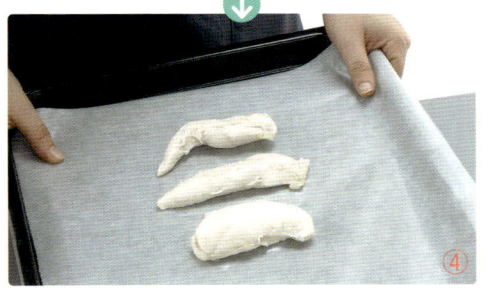

### Memo

- 長期間保存できません。冷蔵庫に保存し、1週間のうちに食べ切れる量にしましょう。

# キャロットクッキー

## 4-6 手作りごはんレシピ

### 材 料

全粒粉 ………… 200g
オリーブオイル
　………… 大さじ1
すりおろし人参
　…… 小1／2本分
水 ……………… 適宜

### 作り方

1. 全粒粉、すりおろした人参、オリーブオイルを混ぜます（写真①）

2. 水を少量ずつ加え、クッキーの生地の硬さにします（写真②）

3. お好みのクッキー型でくり抜きます（写真③）

4. 170～180℃のオーブンで50分ほどかけて、じっくりと焼きます（写真④）

5. 焼きあがったら、でき上がり！

### Memo

- 長期間保存できません。冷蔵庫に保存し、2週間のうちに食べ切れる量にしましょう。

## 4-7 食材選びのポイント

食材には薬膳があります。ちょっとした体調不良に役立てましょう。

| | |
|---|---|
| 鶏肉 | 消化吸収しやすく、胃腸にやさしい食材なので、健康な子にはもちろん成長期、高齢期、病中病後の子にもお勧めです。<br>ササミは低カロリーでお勧めですが、リンが多いので、常食させないようにしましょう。特に高齢期の子や腎臓に疾患をもっている子は注意が必要です。<br>● レバー：鉄分が豊富なため、貧血の予防・改善に役立ちます。与えるときは、新鮮なものを少量（肉類の10％以内）にしてください。<br>● 鶏　卵：消化吸収しやすく、たんぱく質のアミノ酸が理想的に含まれ、ビタミンC以外のビタミンを含んでいて、完全食といわれています。しかし、生の卵白は下痢を起こすので、必ず火を通してから与えてください。 |
| 牛肉 | 吸収しやすいヘム鉄が豊富なので、貧血の予防・改善に役立ちます。<br>筋力をつけてくれる食材です。筋力の低下を起こしている子、スポーツをしている子に特にお勧めします。<br>たんぱく質が豊富で、ミネラルもバランスよく含み、他の肉類よりも亜鉛を多く含み、抵抗力を高めてくれます。 |
| 豚肉 | 高脂肪、消化がしにくいため、あまりお勧めできない食材です。<br>またトキソプラズマ寄生の恐れがあるので、生食は禁忌とされています。<br>便通をよくする効能がありますが、食べすぎると下痢を起こすことがあるので注意が必要です。 |
| 羊肉 | とても体を温めてくれる食材です。寒がりの子や冬場にお勧めします。しかし消化しにくい肉ですので、常食や多食は避けましょう。 |
| 馬肉 | 体内の余分な熱を排除し、血の巡りをよくしてくれる食材です。<br>吸収しやすいヘム鉄が豊富なので、貧血の予防・改善に役立ちます。<br>鉄分が多いため、他の肉類より黒っぽい色をしています。<br>脂肪分が少ないのでダイエットに適しています。しかしアメリカやヨーロッパでは、馬は愛玩動物とされているので、馬肉は食べていません。アメリカやヨーロッパ原産の犬や猫にはあまりお勧めできません。<br>特に猫は、自分よりからだが大きな動物の肉類は、自然界では食べていません。 |
| 青魚 | EPAというn3系多価不飽和脂肪酸を多く含んでいます。EPAの効能として、抗血栓作用があります。つまり血液を固めない作用があります。<br>DHA（ドコサヘキサエン酸）も多く含み、脳の働きをよくする効能をもっています。<br>高齢期に入った子、脳の疾患をもっている子にお勧めしたい食材です。 |

| | |
|---|---|
| いも類 | 　繊維質が多いので、便秘症の子にはお勧めです。しかし糖質が多いので、与えすぎには注意しましょう。<br>　甘くて食べやすいことから、ほとんどのわんちゃんがよろこんで食べる食材です。さつまいもやかぼちゃを蒸かして、おやつ代わりにお勧めします。 |
| 根野菜 | 　母なる大地に根を張り、ミネラルをたくさん含んだ根野菜は、積極的に与えたい食材です。犬猫には消化しにくい繊維質が多いので、なるべく細かく切って与えるようにしてください。<br>　初めのうちは、すりおろしたり、フードプロセッサーにかけるのもよいでしょう。 |
| 葉野菜 | 　体や胃腸の熱を下げてくれる食材です。夏場にお勧めしたい食材です。<br>　葉野菜を与える場合には注意点があります。<br>　葉野菜を食べることにより、尿のpHがアルカリ性になり、尿結晶・尿石が出る子がいます。必ず手作りごはんを実施する前と後、または定期的に尿検査を行ってください。 |
| きのこ類 | 　免疫力を高めてくれる食材です。<br>　しかし消化吸収しにくい食材ですので、与えるときは細かく刻むか、フードプロセッサーにかけることをお勧めします。 |
| 果物 | 　果糖が多いので、与えすぎは肥満につながります。<br>　市販の原料・添加物が分からないようなおやつをあげる代わりに、果物をあげることをお勧めします。<br>　人と同じですが、農薬の心配があるのでしっかり洗い、皮は剥いてあげましょう。また種の飲み込みには気をつけてください。 |
| 玄米、白米 | 　アジア系の犬種にお勧めします。<br>　雑穀、五穀米などもお勧めです。<br>　人より炊く時間を長くしてあげることで、消化吸収しやすくなります。 |
| オートミール | 　ヨーロッパ出身の犬種にお勧めします。<br>　ヨーロッパでは、日本のお米のように食べています。<br>　体を温めてくれる食材ですので、お腹の不調時や高齢になった子にもお勧めします。 |
| 豆腐、納豆 | 　良質な植物性たんぱく質が豊富です。<br>　しかし合わない子が多くいます。お腹が張ったり、体臭がきつくなったりした場合は与えるのを控えましょう。 |
| ヨーグルト | 　乳酸菌が豊富に含まれているので、お勧めです。<br>　しかし胃酸に弱いので、空腹時は避け、食事に混ぜるか、食後に与えることをお勧めします。またお腹を冷やすので、冷えからきている軟便や下痢のときは避けましょう。 |
| ハーブ類 | 　ハーブは、複雑な薬効成分とエネルギーを使いながら、自然治癒力を強め、刺激しながら健康を回復させるものです。<br>　西洋医学が発達する前の人々は、植物で体調不良やけがの改善を行っていました。植物の研究が進み、現在、さまざまな薬効が分かっています。<br>　人々に愛用されているハーブは2000種類を超えていますが、動物に関してはまだ不明な点も多いので、ハーブを使う際には、獣医さんやハーバリストに相談してください。 |

## 4-8 食事のポイントと保存

毎食作るのは、やはり大変な面があります。ホテルへ預けるときや、知人や親戚に世話を頼むときもありますし、自分の体調がすぐれない日もあります。

### 加熱食の作り方

加熱食は、1週間～10日分のまとめ作りをお勧めします。

- できあがったごはんをタッパに1回分ずつ分けて、冷凍保存します。
- 与える前日に冷蔵庫に移し、解凍します。
　この場合、ねこちゃんは、89ページで述べたように、冷たいものは好みませんので湯煎で温めてあげましょう。
　わんちゃんは、冷たいものでも食べますが、真冬や高齢の子、お腹の調子が悪い場合は、温めてあげましょう。

市販のフードも食べてくれないと困るという場合は、朝は市販フード、夜は手作りごはんという具合でもよいでしょう。あるいは、ドライフードと手作りごはんを半分ずつ混ぜてもよいでしょう。

### Point

わが家では、緊急時（災害での被災など）に備え、ねぎ類の入っていないベビーフードをストックしています。味付けも薄く、人用なので、検査機関もしっかりしているはずです。しかし、動物性たんぱく質がどうしても少なくなりがちなので、肉類の缶詰もいっしょにストックしています。

## 4-9
## 犬種による食材選びのポイント

現在犬種は、400種以上といわれています。体形、性格など犬種ごとに特徴があります。やはりそれぞれの特徴に合わせた食事を心がけましょう。

十数年前まで、日本のほとんどのわんちゃん（柴犬や日本犬ミックス）は庭で生活し、家族の残りのごはん、つまり日本食を食べて元気に暮らしていました。

犬種にはそれぞれの発祥地があり、そこの気候や食事、元来の仕事に適応しています。特に洋犬は、発祥地で生活し、元来の仕事をしていたのが数百年もつづいていたのです。

日本に入ってきたのはここ十数年のことです。やはり仕事に由来する食事や、発祥地の人々の食事が必要になります。

発祥地の気候も、愛犬・愛猫の健康を左右します。

十数年前、日本で流行ったシベリアンハスキーは、『極寒の地で生活し、食事は生の肉』というのが、本来のライフスタイルなのです。

しかし日本では、高温多湿。それに加え、極寒の地では採れない穀物がメインのドライフードの食事。十分な運動もできないストレス。こんな不幸が重なり、ストレスで肝臓にダメージを受けてしまったシベリアンハスキーがたくさんいたのです。

ぜひ、自分の愛犬・愛猫の発祥地の気候や食事内容、元来の仕事内容を調べてみてください。容姿や特徴のある行動など、きちんとした意味があるのです。

わが国での長寿犬や長寿猫が日本犬や日本猫であるように、気候も大事なポイントにつながります。気候は変えることができないので、せめて、発祥地と元来の仕事内容も考慮して、食事に気をつけてあげましょう。

次ページで人気犬種を取り上げて、ポイントを記してあります。

### プードル
発　　祥：フランス
ポイント：元来は水中作業犬。水辺（主に河川）で生活していました。
川魚はお勧めです。フランス料理も川魚が多く使われています。
また、小麦、牛肉が多い地域です。
フランスパンをおやつにあげてみましょう。

### ダックスフンド
発　　祥：ドイツ
ポイント：日本の北海道のような気候のドイツで育った犬種ですので、寒さには強い犬種です。
元来は穴に入り、狩りをする、土との触れあいが長い犬種です。
しかし現在の日本のダックスフンドは、室内にいることにより、土との触れ合いが減ってしまい、ミネラルの不足になっています。
土からのミネラル（サプリメントや根野菜で補いましょう）を積極的に与えてください。また積極的に土の上で遊ばせましょう。

### アメリカン・コッカー・スパニエル
発　　祥：アメリカ
ポイント：アメリカで狩猟していた犬種です。牛・羊肉をお勧めします。アメリカでは馬はペットとされているので、馬肉を与えることは避けましょう。

### シーズー
発　　祥：中国
ポイント：乾燥した地域の犬種です。わが国では、湿気により皮膚が弱くなってしまうシーズーが多いのが現状です。
愛玩犬ですので、中国の人々の食事に依存しています。
鶏肉、馬肉、山菜、米をお勧めします。

### チワワ
発　　祥：メキシコのチワワ地方
ポイント：暖かい国で育った犬種です。このことから寒さに弱い犬種です。
　　　　　メキシコでは果物やアボカドが豊富に採れます。また、小麦、牛肉、豆料理が多い地域です。
　　　　　愛玩犬ですので、完全に地域の人々の食事に依存しています。

### 柴　犬
発　　祥：日本
ポイント：元来は狩猟犬。日本にいる野生の鹿や猪を追いかけていました。
　　　　　わが国はご存じの通り島国で、魚、山菜、米が主食です。この昔ながらの食事が柴犬にはぴったりです。
　　　　　もともと食べていなかった牛肉や小麦は、あまりお勧めできません。
　　　　　魚中心の食事をしている日本犬は、認知症になりにくいとの報告もあります。

### ウェルシュ・コーギー・ペンブローク
発　　祥：イギリス
ポイント：牛追いをしていた犬種です。牛肉をもともと食べていたので牛肉をお勧めします。また、土の上で仕事をしていたので、土からのミネラルを積極的に与えましょう。そして積極的に土の上で遊ばせましょう。

### ラブラドール・レトリーバー
発　　祥：カナダのラブラドール半島
ポイント：元来は猟師が打ち落とした鳥を探し出す犬種。レトリーブとは、『持って帰ってくる』という意味です。
　　　　　つまり、ラブラドールは、鳥を昔から食べていたのです。
　　　　　また島出身の犬種ですので、魚もお勧めです。

# 索 引

## あ

アセチルコリン …………………… 30
圧搾法 ………… 19, 42, 43, 45, 47
アドレナリン …………………… 30
アビジン …………………… 87
アブソリュート（Abs.） …………… 19
アリルプロピルジスルフィド … 86
アロマポット …………………… 35
イランイラン …………… 40, 41, 42
引火性 …………………… 16, 48
飲料 …………………… 25, 48
エタノール …………… 19, 38, 46
オレンジ・スイート … 33, 40, 42, 49
温湿布 …………… 32, 37, 40, 43

## か

海馬 …………………… 23
カイロプラクティック ……… 9, 31
カテコールアミン …………… 30
加熱食 …………………… 88, 106
カモミール・ローマン … 33, 40, 41, 43, 77
間脳 …………………… 22, 23
希釈 …… 10, 16, 17, 20, 32, 33, 34, 36, 40, 46, 48
基礎エネルギー要求量 ………… 91
揮発性 …………… 16, 20, 34
忌避効果 …………… 17, 34, 44, 45
嗅球 …………………… 21, 23
嗅索 …………………… 21, 23
嗅上皮 …………………… 21
嗅毛 …………………… 21
クラリセージ …… 40, 41, 42, 49
グリセリン …………………… 46
グレープシード …………… 46, 47
グレープフルーツ …… 40, 43, 49
抗菌効果 …………………… 17
恒常性（ホメオスターシス）… 9, 15, 28, 30
合成添加物 …………………… 83
光毒性 …………… 35, 42, 43, 45, 49
コルチゾール …………………… 30
コンパニオンアニマル………… 27

## さ

殺菌 …………………… 43, 44, 45
サプリメント …………… 9, 31, 108
サンダルウッド ……… 40, 41, 43
脂質 …………………… 90
視床下部 …………… 21, 23, 24, 30
遮光ビン …………… 16, 39, 46, 49
ジュニパー ………… 40, 41, 43, 49
脂溶性 …………… 16, 20, 46, 90
小脳 …………………… 22, 23
スイートアーモンド ……… 46, 47
水蒸気蒸留法 … 19, 42, 43, 44, 45
ストレッサー …………… 28, 30, 31
精製水 …………………… 38, 46
生存競争 …………………… 17
ゼラニウム………… 32, 41, 44, 49
創傷効果 …………………… 17
足浴 …………… 32, 37, 40, 43

## た

大脳皮質 …………… 22, 23, 24, 30
大脳辺縁系 … 20, 21, 22, 23, 24, 30
多感効果 …………………… 17
炭水化物 …………………… 90
たんぱく質 … 47, 90, 91, 104, 105, 106
通経作用 …………… 43, 44, 49
Tタッチ（テリントンタッチ） 10, 31
ティートリー …………… 41, 44
テオブロミン …………………… 86
ディフェザー …………………… 35
トキソプラズマ …………… 87, 104

## な

生食 …………… 9, 87, 88, 104
粘膜固有層 …………………… 21
脳下垂体 …………… 23, 24, 30
脳幹 …………………… 22, 23
ノルアドレナリン …………… 30

## は

ハーブティー …………… 11, 25, 26
ハイドロゾル …………………… 18
ハチミツ …………………… 46
パッチテスト ……… 32, 36, 48, 49
半生食 …………………… 88
伴侶動物 …………………… 27
ビタミン … 46, 47, 83, 87, 90, 104
フラワーレメディー ……… 11, 31
フローラルウォーター … 18, 33, 34
ペパーミント … 34, 40, 41, 44, 49
ベルガプテン …………………… 49
芳香拡散器………… 32, 34, 35, 48
芳香性 …………………… 16, 18
芳香浴 … 24, 32, 33, 34, 35, 40, 41, 49
ホホバ油 …………………… 46, 47
ホメオスターシス（恒常性）… 9, 15, 28, 30
ホメオパシー …………… 10, 31

## ま

水 … 11, 16, 17, 18, 21, 33, 35, 37, 46, 48, 90, 103
ミツロウ …………………… 39, 46
ミネラル ……… 17, 46, 83, 90, 104, 105, 108, 109
メディカルハーブ ……… 11, 14, 31

## や

誘引効果 …………………… 17
ユーカリ …………… 34, 40, 41, 44
有機溶剤抽出法 …………… 19

## ら

ラベンダー …… 32, 33, 40, 41, 45, 49, 77
冷却作用 …………………… 17
レモン …… 34, 40, 41, 45, 49
レモングラス ………… 40, 41, 45
ローズマリー …… 40, 41, 45, 49

# あとがき

　私がアロマテラピーと出会ったのは20数年前になります。勤務先の社長がイギリスから精油を輸入したのがきっかけでした。

　その当時はまだアロマテラピーの認知度は低く、化粧品会社に勤めていた私たちでさえ使用目的や取り扱い方に戸惑ったことを記憶しています。

　その後、癒しブームが起こるとホリスティック療法が注目されるようになり、ペット業界が参入するのとほぼ同時期に、私もペット・ホリスティックにかかわり、現在に至っています。

　本書で紹介したホリスティック療法はほんの一例にすぎませんが、今後、さらにペットにとって最良の状態をつくり出すことを目標にしていきます。

　執筆するにあたり、たくさんの方々の応援、ご尽力をいただきました。

　撮影に参加してくれたたくさんのペットや飼い主の皆さん、ご協力いただいた今西孝一先生をはじめ、国際動物専門学校と青山ケンネルカレッジのスタッフの皆様、ドッグサロン ヴェロニカ様に心よりお礼申し上げます。

　最後になりましたが、お忙しいなか、本書の執筆にともに携わってくださった福島美紀および寺井理恵の両先生、企画・編集にご協力してくださった緑書房の真名子漢氏、有限会社オカムラの岡村静夫氏に改めて感謝いたします。

高橋美知代

## 参考文献

- 「犬と猫のための自然療法」
  ダイアン・スタイン著、鈴木宏子訳　フレグランスジャーナル社
- 「ペットのためのハーブ大辞典　Herbs for Pets」
  メアリー・L・ウルフティルフォード／グレゴリー・L・ティルフォード著、金子郁子訳、服部かおる／青沼陽子監修　ナナ・コーポレート・コミュニケーション
- 「愛しのペットアロマテラピー」
  クリステン・レイ・ベル著　サンガ社
- 「アロマテラピー検定テキスト」
  社団法人 日本アロマ環境協会
- 「ペット栄養管理士養成講習会テキスト」
  日本ペット栄養学会
- 「Rウォルターの犬と猫の栄養学」
  日本臨牀社
- 「ホリスティックケアカウンセラー養成講座テキスト」
  日本ホリスティック獣医師協会
- 「東方栄養新書」
  梁 晨千鶴著　メディカルユーコン
- 「犬・猫に効く指圧と漢方薬」
  シェリル・シュワルツ著、山本美那子／園部智子訳　世界文化社
- 「Canaine Massage A Complete Reference Manual」
  jean-pierru Hourdebaingt, L.M.T

## プロフィール

### 高橋美知代（たかはし　みちよ）

ドッグ・カフェ　プランナー
ホリスティック・カウンセラー
アロマテラピスト
フラワーコーディネーター
アートスタジオM 主宰

　20代に生け花師範を取得し、化粧品会社に務めながら公益法人NFDの講師資格を取得する。退職後海外留学をへて、デュプロマの資格を取得する。
　現在、ドッグ・カフェやフラワー全般をコーディネートするアートスタジオM及び公益法人NFDスクールを主宰している。
　専門学校では、ドッグ・カフェ、フードコーディネーターをはじめ、アロマテラピーなどを検定する専任講師を務めている。
　また長年にわたって、ペットのためのアロマテラピーやメディカルハーブなどによるセラピーも幅広く手がけている。

### 福島美紀（ふくしま　みき）

動物看護師
ドッグ・ライフ・カウンセラー
ホリスティックマッサージ・セラピスト
ホリスティックケア・カウンセラー

　動物看護師として6年間勤務した後、『飼い主さんと動物のためにもっとできることはないか』と探し求めているときに、「ホリスティック」に出会う。そのなかでもドッグマッサージに興味をもち、研究に励む。
　その後、マッサージ・セラピストの資格を取得するなどして、積極的にその分野の活動にかかわる。
　現在は11年の看護師の仕事を退職し、個人の方にマッサージ教室を開催したり、愛犬家宅に直接出向いてのマッサージが主になっている。

### 寺井理恵（てらい　りえ）

動物看護師
ペット栄養管理士
ホリスティックケア・カウンセラー
ペットフーディスト

　シモゾノ学園国際動物専門学校を卒業後、かわさきもみの木動物病院にて動物看護師として7年間勤務。
　2010年3月株式会社カラーズGREENDOG入社。GREENDOGにてフードカウンセラーとして従事。2020年4月株式会社ベックジャパンの新業態となるCureLabの立ち上げメンバーとして活躍。2021年1月までに株式会社ベックジャパンに転籍し、現在は、動物病院の待合スペースでのコミュニティ構築を提案し、CureLabブランドを全国の動物病院に広げる活動をしている。

## 協　力

- 青山ケンネルカレッジ
- 国際動物専門学校
- ドッグサロン ヴェロニカ
- 東京の野生動物事務局
- NPO法人 日本愛玩動物職業技能協会
- NPO法人 人間と科学研究センター
- ホームセンター ユニディ

写真撮影　小野智光

---

**ペット・ホリスティック・ケア**

2008年9月10日　　第1刷発行
2021年3月10日　　第3刷発行

著　　者　高橋美知代　福島美紀　寺井理恵
発 行 者　森田　猛
発　　行　ペットライフ社
発　　売　株式会社 緑書房
　　　　　〒103-0004　東京都中央区東日本橋3丁目4番14号
　　　　　TEL 03-6833-0560
　　　　　https://www.midorishobo.co.jp
DTP編集　オカムラ
印 刷 所　三美印刷

ISBN978-4-903518-29-9　Printed in Japan　　　　　　　　　©Michiyo Takahashi／Miki Fukushima／Rie Terai
落丁・乱丁本は、弊社送料負担にてお取り替えいたします。
本書の複写にかかる複製、上映、譲渡、公衆送信（送信可能化を含む）の各権利は株式会社緑書房が管理の委託を受けています。

〈（一社）出版者著作権管理機構 委託出版物〉
本書を無断で複写複製（電子化を含む）することは、著作権法上での例外を除き、禁じられています。本書を複写される場合は、そのつど事前に、（一社）出版者著作権管理機構（電話 03-5244-5088、FAX 03-5244-5089、e-mail：info@jcopy.or.jp）の許諾を得てください。また本書を代行業者等の第三者に依頼してスキャンやデジタル化することは、たとえ個人や家庭内の利用であっても一切認められておりません。